四轨道电磁发射器性能分析与优化设计

冯　刚　　时建明　　刘少伟
杨志勇　　苗海玉　　童思远　　　著

西北工业大学出版社

西安

【内容简介】 本书针对传统双轨道电磁炮加载电流高、结构稳定性差和电磁场干扰强等问题,在轨道式电磁发射技术的基础上,创新性地提出了四轨道电磁发射器结构模型,通过理论分析、数值计算和有限元仿真等手段,深入研究了四轨道电磁发射器的电磁场分布情况和电磁力性能,同时考虑大推力、高能量的发射需求,提出了增强型四轨道电磁发射器优化设计方案,从改善强磁场分布的角度优化了轨道炮结构,有效提升了轨道炮的性能,拓展了轨道炮发展方向和应用领域。本书内容主要包括四轨道电磁发射器建模、电磁场和电磁力静态和动态特性分析以及增强型四轨道电磁发射器的优化设计等。

本书可供从事电磁发射技术理论和应用研究的科研人员和工程技术人员阅读与参考。

图书在版编目(CIP)数据

四轨道电磁发射器性能分析与优化设计/冯刚等著
—西安:西北工业大学出版社,2021.3
ISBN 978 - 7 - 5612 - 7624 - 2

Ⅰ.①四… Ⅱ.①冯… Ⅲ.①电磁波-发射 Ⅳ.
①O441.4

中国版本图书馆 CIP 数据核字(2021)第 032369 号

SIGUIDAO DIANCI FASHEQI XINGNENG FENXI YU YOUHUA SHEJI
四 轨 道 电 磁 发 射 器 性 能 分 析 与 优 化 设 计

责任编辑: 胡莉巾		**策划编辑:** 杨 军	
责任校对: 曹 江		**装帧设计:** 李 飞	

出版发行: 西北工业大学出版社

通信地址: 西安市友谊西路 127 号　　邮编:710072

电　　话: (029)88491757,88493844

网　　址: www.nwpup.com

印 刷 者: 兴平市博闻印务有限公司

开　　本: 710 mm×1 000 mm　　1/16

印　　张: 7.375

字　　数: 144 千字

版　　次: 2021 年 3 月第 1 版　　2021 年 3 月第 1 次印刷

定　　价: 49.00 元

前　　言

　　电磁发射技术是一项突破传统武器发射原理的新概念推进与发射技术,是动能弹丸、导弹和航空航天运载体发射技术发展的必然趋势,将广泛地替代现有的传统发射技术,目前已成为世界各国大力发展的重点技术之一。轨道式电磁炮技术是电磁发射技术的一项主要研究内容,目前已经接近武器实用化程度。本书在轨道式电磁炮发射技术的基础上,创新性地提出了四轨道电磁发射器模型,并对此展开了一系列研究,为提高轨道式电磁炮性能提供参考。

　　本书主要内容包括:①构建四轨道电磁发射器模型,根据电磁场理论对发射区域的电磁场分布特性以及发射组件受力进行理论分析,并通过数值分析和有限元仿真,验证四轨道电磁发射器的优良电磁场特性以及发射器模型的科学性与优越性。②对四轨道电磁发射器的静态性能进行分析,通过对静态时导轨和电枢内部的电流分布及磁场分布分析,研究导轨的受力特点及发射器的推力性能,并通过电磁结构耦合分析,说明导轨的寿命和发射结构的稳定性,通过与其他类型电磁轨道发射器对比研究,说明四轨道电磁发射器拥有更好的结构稳定性和潜在的推进性能。③结合实际发射过程中驱动电流为强脉冲电流的特点,进一步对四极场中导轨的瞬态动力学进行分析,研究驱动电流各阶段及整个发射过程中导轨的受力、形变、内部应力及径向加速度变化情况,为导轨结构的优化设计及其稳固方式提供理论指导。④构建串联增强型四轨道电磁发射器模型,根据电磁场理论给出电枢内部的磁场强度和电磁推力计算方法,建立串联增强型四轨道电磁发射器有限元模型,通过仿真说明在施加相同的脉冲电流时,增强型电磁发射器具有更大的电磁推力和更大的启动电磁推力,且增强型电磁发射器具有较大的磁场屏蔽区域。⑤考虑大推力、高能量的实际发射需求,对四轨道电磁轨道发射器进行优化设计,分别提出整体增强型和分散增强型四轨道电磁发射器模型,并从推力性能、发射组件受力及能量转换效率等方面进行对比分析,说明两种优化模型在推进性能方面的提升,但分散增强型的综合性能更优于整体增强型。

　　本书可以帮助有关研究人员和工程技术人员了解四轨道电磁发射器工作机理、理论分析及有限元建模方法、电磁学和力学特性以及发射器优化设计方案,能为提升轨道式电磁炮性能和解决工程化实现相关问题提供指导。

  本书内容为防空反导学院发射系统教研室电磁发射技术团队的研究成果。其中,时建明、童思远主要负责第 1 章的编写,冯刚、杨志勇主要负责第 2～4 章和第 7 章的编写,刘少伟、苗海玉主要负责第 5 章和第 6 章的编写。全书由时建明统稿。

  在写作本书过程中曾参阅了大量相关文献和资料,在此谨向其作者深表感谢!

  由于水平有限,书中难免存在缺点和不足,恳请广大读者批评指正。

著 者

2020 年 5 月

目　　录

第1章 绪 论

火药作为枪炮、导弹和火箭的能源，从古至今已有千年的历史，极大地推动了人类社会的进步。其原理是利用燃烧产生的大量高温燃气推动各类发射体至一定的速度。在利用火药发射弹丸的过程中，火药产生的推力不能严格控制，而且受到原理和战术上的限制，除非采用火箭持续加速的方法，火药发射的弹丸初速度一般不超过 1.8 km/s。同时，火药燃烧产生大量的高温气体和猛烈的火光，降低了战场上发射设施设备的隐蔽性。另外由于火药的能量利用率低，大量携带火药使得发射体体积和质量增大，不便于战场机动。

近年来，一种新的武器概念进入公众视野，它就是基于直线电动机原理制造的电磁炮。电磁炮采用电磁发射方式发射弹丸。按照结构划分，电磁发射方式可分为轨道式、线圈式、直线电机式等多种形式。轨道式、线圈式电磁发射目前在理论和实践上发展速度更快，更接近武器实用化程度。直线电机式电磁发射主要用于舰载机弹射。线圈式电磁发射方式适于发射较大质量的物体，如迫击炮、鱼雷、导弹等，与轨道式发射相比，其发射初速度较低[1]。轨道式电磁发射方式更适用于将较小质量物体加速到极高速度，是电磁发射的主要发展方向。

1.1 轨道式电磁发射器结构与原理

在 1987 年召开的"非轨道式电磁加速器讨论会"上，Weldon 对电磁炮进行了分类，按照结构和原理的不同，将电磁炮分为轨道式和线圈式两种形式[2]，如图 1.1 和图 1.2 所示。前者由电枢和轨道直接接触形成电流的闭合回路产生强磁场，通电电枢在磁场中受到电磁力从而加速推动负载前进，类似单匝的直线电机；后者由驱动线圈和感应电枢构成，一般不直接接触，在固定的多级驱动线圈中通以交变电流产生磁场，电枢内带有涡流的感应线圈在电磁力作用下沿驱动线圈轴向运动。另外还有一种特殊的感应型线圈炮——重接炮[3-4]，板状电枢处在较小的线圈间隙内，上下线圈产生的同向磁感线在电枢运动过程中不断被截断和重接，利用电枢涡流与重接磁场的相互作用加速弹丸，如图 1.3 所示。

轨道式电磁发射器由于其原理和结构相对简单，便于控制和分析而被广泛研究。轨道式电磁发射器主要由电源、轨道和电枢三部分构成。

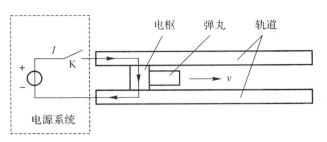

图 1.1　轨道式电磁发射器原理图

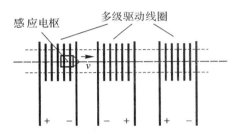

图 1.2　线圈式电磁发射器原理图

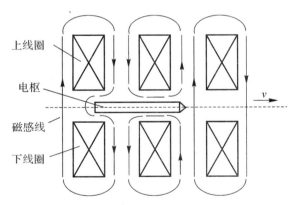

图 1.3　重接式电磁发射器原理图

1. 电源

电源为最主要的部分,提供发射所需要的能量和功率,它的性能和特点与一般电源有所差异。从能量的角度看,无论是加速数克的小弹丸或者近百千克的导弹,任务均要求负载出口动能大,那么在考虑发射效率的基础上,电源储能容量则需要很大。例如,在航天领域,电源储能需求甚至达数百兆焦[5]。如果将其应用于军事领域,须着重考虑电源的机动性,即电源的储能密度应尽可能大,以保证体积小、重量轻[6]。从功率的角度看,由发射总能量和发射时间(电枢由静止加速至出膛)可知,对功率要求也较高。为了更快加速负载,所需电流幅值较大,可高达兆安级,脉冲宽度也与之对应,一般在毫秒级。轨道式电磁发射装置为低阻抗负载,所需的电压则较低[7]。

在现有实验室中,轨道式电磁发射器的电源一般采用脉冲电容器,并配合相应的充电机使用[8],如图 1.4 所示。电容器的优势在于结构稳定、便于存放,工作无噪声、无污染,而且能够保证一定的储能密度。除此之外,脉冲交流发电机(Compulsating Pulse Alternator,CPA)也备受欢迎[9],CPA 集能量储存、转换和脉冲成形于一体,具有高效率、高频率的特点,能够实现连续脉冲发射,但其结构较复杂,安全性要求较高。

图 1.4 脉冲电容器组

2. 轨道

广义的轨道(身管)不仅仅包含两条(或多条)起导向和电流传导作用的导轨,还包含起固定和支撑作用的绝缘部件和金属外壳[10],如图 1.5 所示。

在发射过程中,导轨处于较恶劣的工况,即达兆安级的大电流、高压高温以及相对高速滑动摩擦,因此导轨材料需要具有较好的导电性、强度、刚度及抗烧蚀能力。导轨材料一直是轨道式电磁发射装置研究的重点,可采用合金或金属基复合材料[11-12]。常用的铜基导轨导电性好,但强度和硬度较低,容易在发射过程中出现槽蚀等现象;钼基导轨抗侵蚀能力好,但导电性差,使得发射效率降低。为了改善导轨材料的性能,可以在材料表面加以涂层,以提高表面强度、硬度或者增加润滑性,如在铜基导轨表面喷涂钨、钼或者石墨烯涂层[13]。采用碳纳米颗粒增强的铜基复合材料以高导电、高强度和较好的耐磨性成为具有较大潜力的导轨材料[14]，有望提高轨道式电磁发射装置的寿命，解决槽蚀、烧蚀等多种枢轨损伤问题。

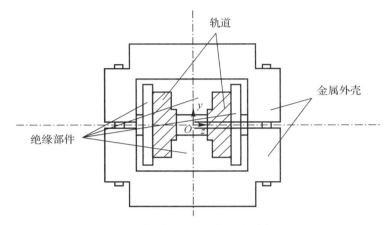

图 1.5 轨道式电磁发射器身管截面图

　　导轨结构多种多样，按形状可分为圆口径、方口径和双曲口径[15-16]等类型，如图 1.6 所示。不同于线圈型电磁发射器，导轨的存在能够使电枢在运动时保持运动姿态的稳定，圆口径和双曲口径能够保持发射径向上姿态的稳定，而且能够使电枢轨道间贴合得更为紧密，保持良好的电接触。导轨在轴向上可一体成形，也可分段成形，分段的导轨采用分散馈电[17]的方式，可以实现电枢较为均匀的加速，在导轨总长度一定的情况下，电枢出口速度更快，效率更高，但结构较为复杂。

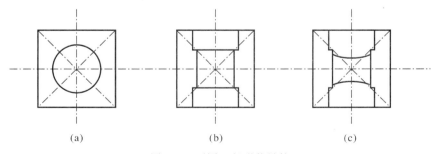

图 1.6 不同口径形状导轨
(a)圆口径；　(b)方口径；　(c)双曲口径

　　根据导轨数目不同，导轨可分为双轨简单型和多轨增强型[18-19]两种类型。增强型导轨形式如图 1.7 所示。多轨增强型能够使电枢位置的磁场叠加，在电流大小相同的情况下，电枢所受到的电磁力成倍增加，或者在满足一定电磁力的需求下,降低电流大小,从而提高导轨的寿命。

(a) (b)

图 1.7 增强型导轨形式

(a)平面增强型; (b)层叠增强型

  针对大质量制导弹的特点和发射需求,四轨电磁发射器可能是一种较为理想的选择[20-22],如图 1.8 所示。四根轨道以电枢轴线中心对称放置,相对的两根导轨中加载大小相同、方向相同的电流,从另外两根导轨中流出相反方向的电流,四根轨道均与电枢相接触。这一结构能够产生增强型磁场,满足大质量发射的推力要求。四根轨道通流的方向使得磁场分布具有对称性,可以起到中心磁场屏蔽的作用,减弱强磁场对制导弹精密电子元器件的影响。

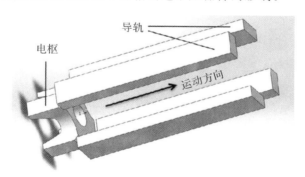

图 1.8 四轨电磁发射器

3. 电枢

  电枢同时作为载流和受力的部件,起到将电能转换为负载动能的关键作用,电磁发射装置的性能很大程度上取决于电枢的设计[23]。随着电磁发射相关技术的不断发展,电枢的结构类型也随着改变优化。

  20 世纪 70 年代末,美国海军首次将固体刷状电枢[24-25]运用到船舶的推进装置中,但在高速状态下,电枢容易与轨道相脱离。20 世纪 80 年代到 90 年代,等离子体电枢[26-27]被大量研究,以突破固体电枢的发射极限,但在其发射内膛容易产生高压电弧,从而对导轨产生严重损伤。研究最为广泛的是固体电枢[28],典型固体电枢结构如图1.9所示。

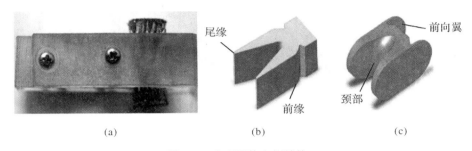

尾缘

前向翼

前缘

颈部

(a)   (b)   (c)

图1.9 典型固体电枢结构

(a)刷状电枢; (b)C形电枢; (c)H形电枢

由于早期的技术限制,所采用的固体块状电枢被认为容易产生磨损甚至脱落引起接触失效,并在之后的一段时期,固体电枢研究进展缓慢。自20世纪70年代著名的Marshall博士提出V形电枢模型开始,固体电枢逐渐发展到当前的C(U)形电枢[29-30]。当电流导通时,C形电枢的电枢臂内产生沿导轨轴向的电流分量,从而产生径向力贴合临近接触的导轨,保持电枢轨道之间良好的电接触状态。在C形电枢的研究基础上还产生了马鞍(H)形电枢,准流体电枢以及等离子体和固体的混合电枢的相关概念被提出并开展了相应研究[23]。

固体电枢材料的选择主要依据其性能目标:一方面在保持良好电接触的最小枢轨挤压力基础上,能够保持发射过程的稳定,即导电性好、耐高温、耐磨损、不易变形;另一方面需要电枢质量尽可能小,以提高发射效率。由于一种材料无法满足以上全部需求,电枢一般采用以铝为基体的复合材料[31-32]:加以高强度材料调整机械特性,如玻璃纤维、石墨;加以高热容的材料调整热电特性,如锂。同时电枢材料还受到工艺、成本和其他材料特性的制约。

1.2 轨道式电磁发射技术国内外研究现状

1.2.1 轨道式电磁发射技术发展历程

自热兵器诞生以来,以火药为发射动力的武器在人类战争史上大放异彩。人们在提高热兵器发射速度和发射动能的道路上已经走了几百年,尤其是战争的爆发加快了人们在这条道路上的步伐,火药的性能也被发挥到了极致。发展至今,枪炮的发射速度已经被提高到了一个极限水平。如今,枪炮的炮口速度微小的提高,都要在技术和经费上付出很高的代价。电磁发射技术让人们对实现超高速、超高动能的目标看到了希望。

自从挪威科学家 Birkeland 首次提出电磁发射的概念以来[33],电磁发射技术已经经历了一百多年的发展历程。在这一百多年的发展历程中,电磁发射技术主要经历了三个发展阶段。

第一个阶段是从被提出到 20 世纪 40 年代,这一阶段是电磁发射技术的起步阶段。由于还是一种新兴技术,人们对电磁发射还都处于探索求证阶段,参与到电磁发射研究的国家大多都是欧洲国家,并且各个国家单独进行电磁发射方面的研究,研究成果有限。在第二次世界大战期间,战争的需求促进了军事技术的发展。1944 年德国的 Hansler 将 10 g 弹丸的发射速度提高到 1.2 km/s。

第二个阶段是 20 世纪 40 年代到 80 年代,此阶段为电磁发射研究的低谷期。由于受到当时科学技术的发展水平限制,科学家没有解决像脉冲电源、电枢、材料等关键技术的难题,再加上美国空军得出的"电磁炮根本行不通"的论断,致使电磁发射进入低谷期[34]。

第三个阶段是 20 世纪 80 年代至今,此阶段是电磁发射技术发展的黄金时期。澳大利亚的 Marshall 博士提出了"等离子体电弧电枢"的概念,美国的 Brast 和 Sawle 对等离子体电枢进行了发射实验并取得成功,将 31 mg 的弹丸发射速度提高到 6 km/s[35]。这一实验让各国科学家对利用电磁发射获得超高速重新看到了希望,电磁发射随即进入黄金发展时期。

1.2.2 轨道式电磁发射技术研究现状·

轨道炮(Railgun)概念最早是由美国研究员 Bostick 在 1958 年提出来的,他还对采用等离子体电枢的电磁轨道发射装置进行了实验[36]。随后诸多研究学者开始对电磁轨道发射技术进行了研究,此时期的实验能够将毫克级别的负载加速到 5km/s 甚至更高的速度[37]。1961 年,Radnik 通过理论和实验表明,电枢的速度受大电流下电枢焦耳热制约,而且枢轨接触失效产生的电弧会损伤电枢和轨道[38]。在当时的技术条件下,电磁轨道发射技术几乎因此停滞。

1978 年,澳大利亚 Marshall 博士通过实验将 3 g 的聚碳酸酯射弹利用等离子体电枢加速到 5.9 km/s[39],电磁轨道发射技术自此开始复兴。20 世纪 80 年代,美国对电磁发射技术能否用于反核导弹开展了评估,得出"未来高性能武器必然以电能为基础"的结论,并大力开展电磁发射技术的相关研究,包括"星球大战"背景下的天基电磁炮、陆军反装甲背景下的陆基电磁炮和海军应用于航母的电磁弹射系统等[40]。美国劳伦斯·利弗莫尔国家实验室研制出了口径 12.7

mm，长 5 m 的轨道炮，可将 2.2 g 的弹丸加速到 10 km/s 的超高速[41]；1990
年，美国 CEM-UT 公司在口径 90 mm 的轨道炮上将 2.4 kg 的弹丸加速到 2.6
km/s[42]。可见，所研究的负载质量不断增大，轨道炮口径也不断扩大，电磁发
射技术应用领域不断拓宽。在 20 世纪末的 20 年间，美国对电磁发射的基础理
论和关键技术进行了攻关，在包括电磁发射总体设计、脉冲电源网络设计以及轨
道烧蚀等方面取得了丰硕的成果[43]，稳居世界第一，在国际上掀起了研究电磁
发射技术的热潮。

同一时期欧洲的英国、德国、法国和俄罗斯也相继建立了专门开展电磁发射
技术研究的机构，如英国的 BAE 系统公司和法、德共同组建的圣路易斯研究所
（Institute Saint-Louis，ISL）。为促进电磁发射技术的发展和共同进步，英国
BAE 系统公司与美国的研究合作较为紧密，开展了关于电磁轨道发射技术、脉
冲电源技术和一体化弹丸的技术研究，之后还参与了美国海军 32 MJ（兆焦）动
能的电磁轨道炮的研制[44]，样机如图 1.10 所示。

图 1.10　BAE 公司参与研制的 32 MJ 电磁轨道炮样机

法德 ISL 研制了可提供 2 MA 脉冲电流的 10 MJ 电容器电源系统，并在此
基础上建立了多型电磁轨道发射器[39]（见图 1.11），对发射器口径、枢轨结构、材
料和发射效率（超过 25%）进行了相关研究。一直以来，俄罗斯在基础理论研究
上都非常深入，在电磁发射领域，对等离子体电枢型轨道炮有诸多研究成果。
1988 年在荷兰召开了第一届欧洲电磁发射会议[45]，而后其与美国电磁发射会
议合并为国际电磁发射技术研讨会，成为电磁发射领域最高级别的会议。

图 1.11 法德 ISL 研制的圆口径电磁发射装置

在克服了枢轨烧蚀、转掠和高速刨削等诸多关键技术难题之后,21 世纪的美国电磁发射技术已经开始逐渐转入工程化阶段[46]。海军可利用电磁发射技术发展战舰远程火力支援的发射(弹射)系统,其有着比陆基车辆更大的载重、更好的机动性,于是美国海军主导了电磁轨道炮的工程化研制。2003 年,美国海军与英国 QinetiQ 公司合作开展了 8 MJ 动能的电磁轨道炮缩比样机试验,样机如图 1.12 所示。

图 1.12 美海军 8MJ 电磁轨道炮缩比样机

2009 年,美国海军分别与英国 BAE 系统公司和美国通用原子公司签订了关于设计制造 32 MJ 动能的电磁轨道炮合同,产品于 2012 年成功交付。美国海军于 2012 年 2 月完成了全尺寸 32 MJ 动能电磁轨道炮的工程测试,并开始着手提升其实战能力[47]。为了使电磁轨道炮从工程测试转向装备阶段,美海军加快了研制速度,2017 年在水面作战中心达尔格伦分部进行了 20 MJ 动能的连续发射测试,实现了由每分钟 4.8 发提升到每分钟 10 发,并且采用了 GPS 引导射弹瞄准静止目标。试验样机如图 1.13 所示。

图 1.13　美海军 20 MJ 连续发射测试试验样机

　　我国在电磁发射领域开展研究较晚,基础相对薄弱,但近期发展迅速。1986年,中国工程物理研究院流体研究所研制了我国第一台电磁轨道炮,并通过此装置进行了电磁发射原理的试验研究,将 1 kg 弹丸加速到 60 m/s[48-49]。从 20 世纪 80 年代开始至今,中国科学院等离子体物理研究所、中国工程物理研究院、海军工程大学、中国科学院电工研究所、南京理工大学、解放军军械工程学院、燕山大学、西北机电工程研究所、郑州机电工程研究所、哈尔滨工业大学、武汉大学、中国兵器装备第 208 所、中国航天科工集团第 206 所等单位的专家、学者致力于电磁发射技术的研究,推动了我国电磁发射技术的发展。中国科学院等离子体物理研究所对等离子体电枢型轨道炮、固体电枢型轨道炮及线圈炮等进行了研究,研制了具备较为完备的全套电磁发射实验装置及数据采集系统,并研制出了能将 79 g 弹丸加速到 2.7 km/s 出膛速度的固体电枢轨道炮[50]。南京理工大学弹道国防科技重点实验室在电磁超高速发射技术领域做了大量研究,在等离子体的产生、脉冲功率电源以及电磁开关装置的研究方面成果丰硕。海军工程大学在电磁弹射技术和舰载电磁发射技术研究方面也取得了显著成果。

　　经过长期的研究和技术积累,轨道式电磁发射技术的原理性问题已基本解决。在关于高功率脉冲电源技术的研究方面,文献[51]提出采用闭环反馈电压调节方式控制充电电压,利用延迟、续流补偿方法达到提高混合储能电容器充电精度的目的;文献[52]从工作原理、系统效率、器件参数指标、纹波系数等方面对直流斩波、台阶升压、恒压三种充电方式进行对比研究,得出了升压方式最适合应用于混合储能的结论。近年来,基于补偿脉冲发电机供电的电磁轨道炮系统被作为尖端技术得到了研究发展,空心(补偿)脉冲发电机通过高速旋转的转子的惯性动能来储存能量,这种储能方式相比于电容型储能器具有更高的储能密度,它将储能、电能与机械能的转换、脉冲整形集成一体,在紧凑、移动型电磁发射系统中更有竞争力[53-54]。文献[55]通过对充电电源中的发热器件进行分析,提出了一种暂态热设计方法,为间歇工况下的电源热设计提供了参考。关于电枢与轨道电接触问题的研究,文献[56]通过建立电枢形状控制方程构建出新型H形固体电枢并对其与轨道的接触应力进行了分析;文献[57]采用铝电枢与各型材料的导轨进行发射试验,得到电枢与各型导轨在发射过程中的接触状况及转揉规律,并提出了规避转揉的有效方法;文献[58]和[59]分别对电枢装配时接触压力分布的不均匀性及初始接触应力进行了细致分析。导体电势分布的短路径优先、脉冲电流的趋肤效应及电枢在接触面高速滑动均会引起电流速度趋肤效应[49-52]。文献[64]～[66]提出克服电流趋肤效应、解决电磁轨道炮导体内电流局部聚集问题的有效方法;文献[67]对发射过程中电枢与轨道之间的电接触以及时序放电条件下轨道式电磁发射器连续发射的滑动接触问题进行了研究。

电枢与轨道接触表面的磨损、刨削和热腐蚀是轨道式电磁发射过程中需克服的难点,不少科研工作者对轨道式电磁发射过程中导轨表面的刨削现象[68]、形成机理[69]、影响因素[70-71]及电枢瞬态磨损量[72]进行了研究。为了降低电枢加速过程中电枢与导轨接触面的产热量,S. V. Stankevich 团队对轨道式电磁发射过程中不同形状电枢的热分布进行了仿真,发现圆柱形和马鞍形电枢在三维模型中的热量计算结果与热现象与其在二维模型的仿真结果十分吻合[73],且发现轨道的热特性很大程度上取决于导轨的结构材料、运动参数、抛体质量、加速过程的动态性能和加速距离[74-75];文献[76]对轨道式电磁炮电枢接触面温度场分布进行了仿真研究,结果表明电枢尾部局部热损伤较为严重;为进一步研究枢轨接触面的热影响因素,文献[77]和[78]对电枢与导轨接触面的电流分布进行了研究;文献[79]研究了轨道式电磁发射器中电枢与导轨接触面在高功率脉冲电流作用下的熔融和沉积特性,并通过发射试验模拟了发射过程中不同阶段的滑动界面熔蚀特征;文献[80]构建电-磁-热耦合场方程对电磁发射过程中的热烧蚀现象进行了研究;文献[81]分析了局部熔化限制条件下电枢所能承载的峰值电流,计算了优化位形发射不同载荷情况下电枢的出口速度分布及膛内加速距离分布。经过长时间的技术积累和试验研究,目前美国已经解决了轨道式电磁炮的轨道烧蚀问题。

国内外对轨道式电磁发射组件的动力学特性也进行了充分研究,涉及发射组件的形变、结构振动响应、后坐过程等各个方面[82-85]。文献[86]将导轨简化为弹性基础梁,分析了轨道长度等参数对共振速度的影响,为指导和优化轨道设计提供了理论依据;文献[87]求出了轨道在电磁力作用下的横向变形以及轨道挠度通解,据此分析了不同弹性地基刚度系数对发射过程中轨道形变的影响;文献[88]则将导轨和壁板简化为双层弹性梁模型,分析了导轨及壁板在给定结构参数及运动状况下的动力响应;文献[89]将轨道式电磁发射器简化为固定在弹性支撑上的伯努利-欧拉梁来研究导轨在发射过程中的振动问题,并运用模态叠加法求解出了其振动响应解析解;文献[90]和[91]研究了由于电枢运动引起的导轨动态特性及电枢的临界速度,另有学者对不同形状电枢下发射组件的动态响应进行了研究[92-93];文献[94]提出采用主动消弧器件抑制甚至消除炮口电弧,并对其性能进行了试验评估;文献[95]将轨道式电磁发射的后坐过程分为三个阶段,并对其运动特征进行了研究;文献[96]基于对轨道式电磁发射系统后坐力的构成及状态进行研究而提出了适用于大能量轨道式电磁发射系统的新型阻尼反后坐装置。有关发射系统分析与仿真[97-99]和电枢装填方式[100-101]的研究也不断涌现。

近年来,随着轨道式电磁发射技术的成熟,轨道式电磁发射技术的应用由最初的动能弹丸发射开始逐渐向发射智能弹或小型卫星发展[102-103]。关于对炮膛内电磁场特性的研究开始增多[104-106],研究者采取了各种形式的屏蔽方法来降低强电磁场的干扰[107-110]。文献[111]针对不同屏蔽材料及屏蔽体方位对膛内强磁场环境的屏蔽效果进行研究,结果表明,发射过程中对膛内磁场进行屏蔽是可行的;文献[112]对导电屏蔽措施和磁屏蔽措施下减小空心脉冲发电机内部磁场对周围环境的干扰性能进行了研究,发现导电屏蔽措施的效果优于磁屏蔽措施,但导电体质量大,机动性不强,而磁屏蔽措施可提高输出电流,增大抛体出口速度;文献[113]针对抛体离轨后由系统剩余能量转化而成的电磁能对远场和近场的辐射作用进行了研究。

电磁发射技术发展至今已有很大突破,逐渐由理论仿真研究走向实验室小型实验验证,再到地面或舰船样机试验。但其在原理和技术等诸多方面仍然存在难题,例如:脉冲电源方面,功率越高则意味着电源体积和质量越大,于是做到小型化、轻量化尤为重要;发射器方面,在瞬态大电流、强磁场的作用下,需要保证发射装置的结构强度、稳定性和寿命,于是设计并制造出符合要求的发射器是确保电磁发射技术实用化的关键;在制导弹的电磁发射过程中则需要着重考虑制导弹发射过载的精确控制和强电磁干扰屏蔽等方面。

（1）高储能密度的脉冲电源问题。航母以其强大的电能和宽阔的作战平台成为了电磁轨道发射技术应用的前沿阵地。为了拓宽电磁发射的实用领域，尤其是应对军事需求下的快速机动性要求，需要考虑更高储能密度的脉冲电源。纵观火药的发展史，正是高储能密度无烟火药替代黑火药使得火炮得以迅速发展，与电磁发射技术相适配的脉冲电源技术也亟待深入研究[6]。

（2）发射器的寿命问题。发射器寿命一直制约着电磁轨道发射装置的发展，无论是开展原理性实验研究还是进行工业样机试验，都需要考虑成本以及实用性需求。早期应用的等离子体电枢只能进行单次发射，固体电枢在连续发射的实现上较为容易，但由于枢轨接触面处于高速滑动电接触的环境下，极易发生烧蚀、转捩、刨削等轨道损伤，缩短发射器寿命。已有文献表明，国内固体电枢发射器的寿命可提升至百发量级[39]，但考虑到发射精度和稳定性[114]，发射器的实际寿命还要打折扣。美海军于 2011 年 10 月成功完成了大口径样机下的千次发射试验，但以目前国内的技术将电磁轨道发射应用于大质量制导弹，还有很多原理未阐明及很多技术难点待攻克，如果发射器具有较长的寿命，那么发射直接以动能毁伤的制导弹可以实现要地中近程防空反导。

（3）制导弹药的抗过载和电磁防护问题。对于远程的打击目标，动能毁伤的弹丸弹道极易受各种因素影响，而不能保证其命中精度，所以对导弹的电磁发射技术进行研究是具有战术意义的[115]。不仅仅对于导弹，只要是具有制导能力的弹药，都需要考虑制导设备的抗过载和电磁防护能力。对于打击 100 km 的远程目标，初速度至少须达到 1 700 m/s[40]，而在有限的加速距离上，负载需要承受几万倍的重力加速度，现有的制导电子设备无法承载如此巨大的过载[116]，这制约了电磁轨道发射打击远程目标的能力。同理，发射过程中强电磁环境也会对电子器件产生一定的影响，需要考虑其电磁防护[117]。

从轨道式电磁发射技术的发展历程及研究现状可以看出，针对轨道型电磁发射技术研究广泛而深入，技术积累颇丰，其理论层面的研究已基本成熟，这为开展电磁发射器性能提升研究提供了丰富的理论支撑。

根据现有轨道式电磁发射技术的优势，本书提出一类四轨道电磁发射器，并对其结构、性能展开分析与优化设计，主要研究内容如下：

（1）构建四轨道电磁发射器模型，对发射器内外区域的电磁特性进行分析，检验其电磁场分布是否满足制导弹发射的电磁环境要求，并与传统电磁发射方式进行对比研究，突出模型的优越性。

（2）对四轨道电磁发射器中发射组件的静力学性能及电磁特性进行研究，分析发射结构的静态稳定性及发射组件的使用寿命，并对发射器的推进性能进行研究，分析其影响因素，为提升发射器推力奠定理论基础。

（3）结合实际电磁发射过程中驱动电源的特点，对脉冲强磁场作用下轨道的瞬态动力学特性进行研究，分析发射过程中发射结构的稳定性。

（4）建立串联增强型四轨道电磁发射器的数学模型和有限元仿真模型，利用理论分析和仿真分析的方法，研究串联增强型四轨道电磁发射器的推力特性和电磁特性。

（5）结合发射器推力、发射组件稳定性及系统能量转换效率等因素对四轨道电磁发射器进行优化设计。

第 2 章　四轨道电磁发射器建模及电磁场性能分析

目前增大推力常用的方法是采用增强型轨道式电磁发射器,虽然这种轨道式电磁发射器在增大发射器推力的同时也能有效降低导轨内电流的量级,但其机械结构复杂、操作难度较大[118]。此外,发射过程中发射组件承受很强的电磁力,发射体加速度非常大,发射器须具备很强的结构稳定性,而传统增强型发射器很难保证发射时所需的三维空间稳定性,因此无法满足实际要求。

四极磁场因其优越的磁场性能在工程应用中被广泛采用。最近,国外学者 D. Li, R. Meinke 和 Hector Gutierrez 等人提出将四极磁场应用于线圈型电磁发射器,并对此进行了一系列的研究[119-120],但其体积庞大、发射稳定性差等问题仍需得到解决。本书提出的四轨道电磁发射器,能够综合四极磁场优越的磁场特性和轨道型发射器的结构稳定性,更适合于工程应用。

2.1　四轨道电磁发射器结构模型

20 世纪 90 年代,有学者提出小口径等离子体电枢四轨炮概念[121],如图 2.1 所示。由于当时是在为了提高弹丸发射动能的背景下提出来的,并未对发射筒内的磁场特性进行深入的研究,发射体也局限于小型动能弹丸,因此人们未能充分认识到其磁场特性对发射智能物体的优势。反而由于其小口径下相邻导轨中的电流邻近效应以及由等离子体电枢引起的导轨热损坏等问题而未能受到青睐,因而未能被深入研究。

本书旨在构建一种在磁场性能、发射推力及结构稳定性等方面适合制导弹的发射器结构,在传统四轨炮的基础上,提出四轨道电磁发射器模型。这种发射器与传统四轨炮在原理上似乎相同,但在发射器的结构、性能及功用上却大有差异,其结构如图 2.2 所示。

四轨道电磁发射器主要由脉冲储能系统、脉冲变流系统、发射器及控制系统等组成。脉冲储能系统蓄积导弹发射所需的能量,发射时脉冲变流系统调节瞬时超大功率给发射器,发射器将电磁能转化为动能,带动导弹加速至预定的速度后将导弹发射出去,而控制系统则完成信息流对能量流的精准控制。本书主要对由导轨和电枢构成的发射器的相关特性进行研究。

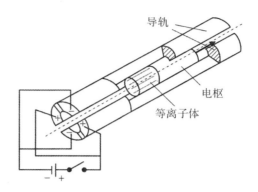

图 2.1　传统的小口径等离子体电枢四轨炮模型

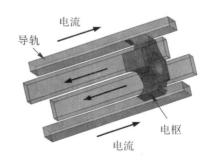

图 2.2　四轨道电磁发射器结构模型

图 2.2 中,四轨道电磁发射器的四根导轨等距离、对称安装,两相对导轨中加载大小相等的同向电流,该电流流经电枢从另外两根相对的导轨流出,导轨中的电流在发射区域内产生一个四极磁场,该磁场与电枢中的电流作用产生推力推动电枢前进。采用固体电枢承载发射体,其结构示意图如图 2.3 所示。

固体电枢避免了等离子体电枢中存在的电弧烧蚀问题,目前高速刨削问题也已经解决,因此采用固体电枢能增强发射器的使用寿命并有利于发射体稳定。电枢中部镂空,为装载发射体提供空间。为保证导轨与电枢之间良好的电接触,适当增长了电枢尾部而削减了电枢与导轨的前端接触,有利于缓解导轨与电枢过渡处的电流集中。电枢四角设置电流引流弧,有利于对电流的集中控制,增强发射推力,同时也利于电枢区域热量的流通和散发。

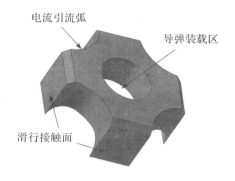

图 2.3　电枢结构示意图

2.2　四极场电磁理论分析

2.2.1　磁场分布计算模型

在发射过程中,电流从电源端输出后流经导轨、电枢后形成闭合回路,并在导轨和电枢所构成的发射区域形成磁场,同时该磁场与流经电枢的电流作用产生电磁力,该力推动电枢和装载在电枢上的发射体沿着导轨做加速运动,直至将其发射出去。为便于分析,首先分析发射器任一横截面内的磁感应强度分布,然后将其延伸至三维发射空间。以垂直发射为例,倾斜发射时只须改变导轨倾斜角度即可,其基本原理及电磁场性能不变,因此本书不再赘述。

如图 2.4 所示,选取某一发射横截面,首先对导轨内电流在发射区域产生的磁感应强度进行分析。

为表达清晰,将导轨按顺时针方向依次编号为 $i = 1, 2, 3, 4$,导轨间距离为 d,导轨横截面长为 a,宽为 b,导轨中电流流向如图 2.4 所示,其大小为 I。为给引入向量运算时提供方便,取垂直纸面向外方向为 Z 方向。设导轨横截面内的电流面密度为 J,且由对称性易得各导轨中相对应区域其电流面密度的大小相同。现任取发射区域某一分析场点 $P(x', y')$,根据毕奥-萨伐尔定律:

$$\mathrm{d}\boldsymbol{B} = \frac{\mu_0}{4\pi}\frac{I\mathrm{d}\boldsymbol{l} \times \boldsymbol{R}}{|\boldsymbol{R}^3|} \tag{2.1}$$

式中,l 为通电导体长度;μ_0 为真空磁导率;$I\mathrm{d}\boldsymbol{l}$ 为电流元;$\boldsymbol{R}$ 为 $I\mathrm{d}\boldsymbol{l}$ 到 P 点矢径;$\mathrm{d}\boldsymbol{B}$ 为 $I\mathrm{d}\boldsymbol{l}$ 在 P 点产生的磁感应强度。

导轨 1 中截面电流源 $J\mathrm{d}x\mathrm{d}y\boldsymbol{k}$ 在 P 点产生的磁感应强度为

$$\mathrm{d}\bar{\boldsymbol{B}}_{R_1P} = \frac{\mu_0}{4\pi} \frac{J\,\mathrm{d}x\,\mathrm{d}y\boldsymbol{k} \times \boldsymbol{R}}{|\boldsymbol{R}^3|} \tag{2.2}$$

式中:μ_0 为真空中的磁导率;$\boldsymbol{R} = (x-x')\boldsymbol{i} + (y-y')\boldsymbol{j}$,$(x,y)$ 为电流源中心点的坐标,有

$$|\boldsymbol{R}| = \sqrt{(x-x')^2 + (y-y')^2} \tag{2.3}$$

式(2.2)可用向量坐标表示为

$$\mathrm{d}\bar{\boldsymbol{B}}_{R_1P} = \frac{\mu_0 J}{4\pi} \frac{\mathrm{d}x\,\mathrm{d}y}{|\boldsymbol{R}^3|} [\boldsymbol{k} \times (x-x')\boldsymbol{i} + \boldsymbol{k} \times (y-y')\boldsymbol{j}] \tag{2.4}$$

积分可得导轨 1 中某一截面内电流在 P 点的磁感应强度为

$$\bar{\boldsymbol{B}}_{R_1P} = \oiint_{s_1} \frac{\mu_0 J}{4\pi|\boldsymbol{R}^3|} [\boldsymbol{k} \times (x-x')\boldsymbol{i} + \boldsymbol{k} \times (y-y')\boldsymbol{j}]\mathrm{d}x\,\mathrm{d}y \tag{2.5}$$

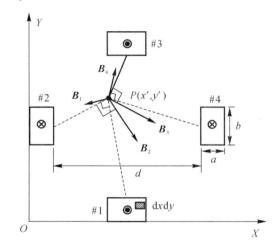

图 2.4　导轨电流在发射区域产生磁感应强度示意图

同理,任一导轨中截面电流源 $(-1)^{i+1}J\mathrm{d}x\,\mathrm{d}y\boldsymbol{k}$ 在 P 点产生的电磁感应强度为

$$\mathrm{d}\bar{\boldsymbol{B}}_{R_iP} = \frac{\mu_0 J}{4\pi} \frac{(-1)^{i+1}\mathrm{d}x\,\mathrm{d}y}{|\boldsymbol{R}^3|} [\boldsymbol{k} \times (x-x')\boldsymbol{i} + \boldsymbol{k} \times (y-y')\boldsymbol{j}] \tag{2.6}$$

积分可得

$$\bar{\boldsymbol{B}}_{R_iP} = \oiint_{s_i} \mathrm{d}\boldsymbol{B}_{R_iP} = \frac{\mu_0 J}{4\pi} \frac{(-1)^{i+1}}{|\boldsymbol{R}^3|} \oiint_{s_i} [\boldsymbol{k} \times (x-x')\boldsymbol{i} + \boldsymbol{k} \times (y-y')\boldsymbol{j}]\mathrm{d}x\,\mathrm{d}y$$

$$\tag{2.7}$$

根据磁场的矢量叠加原理,可得任意发射横截面上导轨中的电流所产生的电磁感应强度为

$$\overline{\boldsymbol{B}}_{RP} = \sum_{i=1}^{4} \overline{\boldsymbol{B}_{R_iP}} = \frac{\mu_0 J}{4\pi} \sum_{i=1}^{4} \frac{(-1)^{i+1}}{|\boldsymbol{R}^3|} \oiint_{s_i} \left[\boldsymbol{k} \times (x-x')\boldsymbol{i} + \boldsymbol{k} \times (y-y')\boldsymbol{j} \right] \mathrm{d}x\,\mathrm{d}y$$

$$(2.8)$$

　　发射区域的磁场大体上可视为由两部分构成,一部分由导轨中电流产生,另一部分则由电枢中电流产生,二者在分布上有着很大的差别。下面来分析电枢中电流在发射区域所产生的磁感应强度。

　　假设电枢中电流集中呈四段圆弧分布,其分析模型如图 2.5 所示。

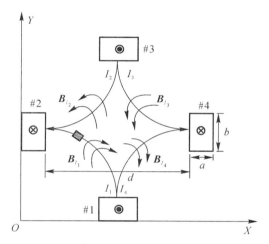

图 2.5　电枢电流产生的磁感应强度示意图

　　同样选取垂直于纸面向外为 Z 方向,取截面内电流 I_1 路径上任意微元 $\mathrm{d}l$ 及截面内任意一点 $P(x', y')$,则微元段电流在 P 点产生的磁感应强度为

$$\mathrm{d}\overline{\boldsymbol{B}}_{I_1 P} = \frac{\mu_0}{4\pi} \frac{I_1 \mathrm{d}\boldsymbol{l}_1 \times \boldsymbol{R}}{|\boldsymbol{R}^3|}$$

$$(2.9)$$

式中:$\boldsymbol{R} = (x-x')\boldsymbol{i} + (y-y')\boldsymbol{j}$,$(x, y)$ 为电流微元在直角坐标系中的坐标;$\boldsymbol{l}_1$ 为分支电流 I_1 的流经曲线。

　　由对称性易知

$$I_1 = \frac{1}{2} I$$

$$(2.10)$$

　　设电流 I_1 的路径曲线为 l_1,则沿此路径对 $\mathrm{d}\overline{\boldsymbol{B}}_{I_1 P}$ 进行积分,即可得到电流 I_1 在 P 点产生的磁感应强度为

$$\overline{\boldsymbol{B}}_{I_1 P} = \int_{l_1} \frac{\mu_0}{8\pi} \frac{I \mathrm{d}\boldsymbol{l}_1 \times \boldsymbol{R}}{|\boldsymbol{R}^3|}$$

$$(2.11)$$

　　同理可得任一分支电流在 P 点产生的电磁感应强度为

$$\overline{\boldsymbol{B}}_{I_iP} = \int_{l_i} \frac{\mu_0}{8\pi} \frac{I \mathrm{d}\boldsymbol{l}_i \times \boldsymbol{R}}{|\boldsymbol{R}^3|} \tag{2.12}$$

则电枢中电流在 P 点产生的磁感应强度为

$$\overline{\boldsymbol{B}}_{IP} = \sum_{i=1}^{4} \overline{\boldsymbol{B}}_{I_iP} = \frac{\mu_0}{8\pi} \sum_{i=1}^{4} \int_{l_i} \frac{I \mathrm{d}\boldsymbol{l}_i \times \boldsymbol{R}}{|\boldsymbol{R}^3|} \tag{2.13}$$

根据叠加原理,P 点的磁感应强度为截面内导轨中电流所产生的磁感应强度和电枢电流所产生的磁感应强度的矢量和,即

$$\overline{\boldsymbol{B}}_P = \overline{\boldsymbol{B}}_{RP} + \overline{\boldsymbol{B}}_{IP} =$$

$$\frac{\mu_0 J}{4\pi} \sum_{i=1}^{4} \frac{(-1)^{i+1}}{|\boldsymbol{R}^3|} \oiint_{s_i} \left[\boldsymbol{k} \times (x-x')\boldsymbol{i} + \boldsymbol{k} \times (y-y')\boldsymbol{j} \right] \mathrm{d}x \mathrm{d}y +$$

$$\frac{\mu_0}{8\pi} \sum_{i=1}^{4} \int_{l_i} \frac{I \mathrm{d}\boldsymbol{l}_i \times \boldsymbol{R}}{|\boldsymbol{R}^3|} \tag{2.14}$$

2.2.2 导轨在四磁场中受力分析

在发射过程中,导轨受到的主要径向作用力包括导轨内电流与磁场作用产生的强电磁力和电枢受热膨胀产生的挤压力。首先对导轨在四极场中所受的电磁力进行分析。

在发射过程中,随着电枢的运动,通电部分的导轨长度逐渐增大,通电导轨部分与电枢电流均在空间产生磁场。假设电枢运动的方向为 Z 轴正方向,初始位置为坐标原点($z=0$),且通电导轨中的电流分布沿 Z 轴方向保持不变。现将第 2.2.1 节中二维截面的分析结果拓展至三维空间模型,则某一导轨中某一截面上微元电流源在空间某一点产生的磁感应强度为

$$\mathrm{d}\overline{\boldsymbol{B}}'_{R_iP} = \frac{\mu_0 J}{4\pi} \frac{(-1)^{i+1} \mathrm{d}x \mathrm{d}y}{|\boldsymbol{R}^3|} \left[\boldsymbol{k} \times (x-x')\boldsymbol{i} + \boldsymbol{k} \times (y-y')\boldsymbol{j} + \boldsymbol{k} \times (z-z')\boldsymbol{k} \right] \tag{2.15}$$

其中,$\boldsymbol{R} = (x-x')\boldsymbol{i} + (y-y')\boldsymbol{j} + (z-z')\boldsymbol{k}$。先在此截面内进行积分,得该截面电流源对空间 P 点的磁感应强度为

$$\overline{\boldsymbol{B}}'_{R_iP} = \oiint_{s_i} \frac{\mu_0 J}{4\pi} \frac{(-1)^{i+1}}{|\boldsymbol{R}^3|} \left[\boldsymbol{k} \times (x-x')\boldsymbol{i} + \boldsymbol{k} \times (y-y')\boldsymbol{j} + \boldsymbol{k} \times (z-z')\boldsymbol{k} \right] \mathrm{d}x \mathrm{d}y \tag{2.16}$$

当某一时刻电枢沿导轨运动到 $z(t)$ 处时,可得通电导轨段在发射区域中 P 点所产生的磁感应强度为

$$\boldsymbol{B}_{R_iP} = \int_0^{z(t)} \overline{\boldsymbol{B}}'_{R_iP} \mathrm{d}z =$$

$$\int_0^{z(t)} \left[\oiint_{s_i} \frac{\mu_0 J}{4\pi} \frac{(-1)^{i+1}}{|R^3|} \left[k \times (x - x') i + k \times (y - y') j + \right. \right.$$

$$\left. \left. k \times (z - z') k \right] dx dy \right] dz \tag{2.17}$$

整个发射器通电导轨段在空间 P 点产生的磁感应强度为

$$\bm{B}_{RP} = \sum_{i=1}^4 \bm{B}_{R_iP} \tag{2.18}$$

由于电枢厚度是固定不变的,且由于电枢的结构特点,电流可以较为集中地流过电枢,因此为了简化计算,将电枢中电流路径简化为不存在厚度和宽度的三维曲线。因此电枢的运动距离会影响空间点的磁感应强度大小,但不会影响电流的积分路径。当某一时刻电枢沿导轨运动到 $z(t)$ 时,电枢中分支电流在发射区域中 P 点所产生的磁感应强度为

$$\bm{B}_{I_iP} = \int_{l_i} \frac{\mu_0}{8\pi} \frac{I d\bm{l}_i \times \bm{R}}{|\bm{R}^3|} \tag{2.19}$$

其中,$\bm{R} = (x - x') i + (y - y') j + (z(t) - z') k$。

电枢电流在 P 点产生的磁感应强度为

$$\bm{B}_{IP} = \sum_{i=1}^4 \bm{B}_{I_iP} = \frac{\mu_0}{8\pi} \sum_{i=1}^4 \int_{l_i} \frac{I d\bm{l}_i \times \bm{R}}{|\bm{R}^3|} \tag{2.20}$$

空间 P 点的磁感应强度为式(2.18)与式(2.20)之和,为使表达更具有普适性,去掉下标 P,则空间任意点的磁感应强度为

$$\bm{B} = \bm{B}_{IP} + \bm{B}_{RP} \tag{2.21}$$

由式(2.21)便可求出发射器中电流在发射区域内任意点的磁感应强度,由安培定律便可求出该磁场区域内带电导体所受的电磁力。

忽略导轨中电流端部效应和靠近导轨与电枢接触区域的电流集中,即在假设通电导轨内沿导轨轴向的电流分布不变的前提下,根据电磁力公式:

$$d\bm{F} = I d\bm{l} \times \bm{B} \tag{2.22}$$

可得单位长度导轨所受的电磁力为

$$\bm{q} = \oiint_s J \bm{B} \times k d\sigma = J \oiint_s (\bm{B}_I + \bm{B}_R) \times k d\sigma \tag{2.23}$$

当电枢中有强电流流通时,焦耳热效应势必使电枢内部产生热量,电磁作用下的热源功率为[95]

$$Q = 0.86 \frac{J_1^2}{\sigma_a} \tag{2.24}$$

式中:J_1 为电枢内各点电流密度;σ_a 为电枢的电导率。

为避免电枢内产生热量对所装载的发射体产生影响,将电枢内孔表面设为

绝热面,仅仅考虑电枢通过四周弧面与外界的换热,则电枢作用在轨道上的合力大小可近似视为[122]

$$P = \frac{Qb^2 E_{\mathrm{T}} a \alpha_{\mathrm{T}}}{6} \left[\frac{b}{\lambda_{\mathrm{T}}} + \frac{6}{\alpha_{\mathrm{F}}} \right] \tag{2.25}$$

式中:E_{T} 为电枢材料的弹性模量;α_{T} 为其线膨胀系数;λ_{T} 为其热传导系数;α_{F} 为电枢材料的表面换热系数。力的方向为导轨接触面的正法线方向。

当将电枢对导轨的挤压力简化成集中力表示时,导轨径向受力模型可简化成如图 2.6 所示的模型。由于电枢电流的存在,靠近电枢的导轨部分所受电磁力会略大于远离电枢的导轨部分。在实际情况中,由于端部效应的存在,导轨尾部所受电磁力也会略大于导轨中间部分。图 2.6 中忽略了电流端部效应的影响。

沿导轨轴向方向,导轨还受到因电枢与导轨表面滑动而引起的滑动摩擦力的作用,此力与电枢受到的滑动摩擦力互为反作用力,留在电枢受力部分进行分析。

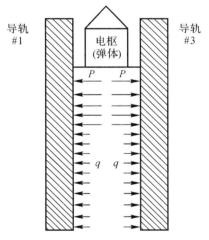

图 2.6　电磁轨道在电磁场中径向受力示意图

2.2.3　电枢在四极磁场中受力分析

电枢在四极场中所受的作用力主要包括电磁力、电枢受热膨胀时导轨对电枢的反挤压力以及电枢与导轨接触面的滑动摩擦力。

电枢所受的电磁力即为电枢中各分支电流所受电磁力的矢量和。根据电磁力公式[式(2.22)],沿各分支电流路径对电流微元段积分便可得到该分支电流所受的电磁力,即

$$\boldsymbol{F}_i = \int_{l_i} \frac{1}{2} I \boldsymbol{B} \times \mathrm{d}\boldsymbol{l} \tag{2.26}$$

电枢所受的电磁力为

$$\boldsymbol{F}_{\mathrm{B}} = \sum_{i=1}^{4} \boldsymbol{F}_i = \frac{I}{2} \sum_{i=1}^{4} \int_{l_i} (\boldsymbol{B}_I + \boldsymbol{B}_R) \times \mathrm{d}\boldsymbol{l} \tag{2.27}$$

导轨对电枢的反挤压力为

$$\boldsymbol{P}' = \boldsymbol{P} \tag{2.28}$$

电枢与导轨接触面的滑动摩擦力为

$$F_{\mathrm{f}} = -\mu P' = -\frac{\mu Q b^2 E_{\mathrm{T}} a \alpha_{\mathrm{T}}}{6} \left[\frac{b}{\lambda_{\mathrm{T}}} + \frac{6}{\alpha_{\mathrm{F}}} \right] \tag{2.29}$$

式中：μ 为接触面滑动摩擦因数，负号表示与电枢运动方向相反。

导弹装载在电枢上，电枢沿发射轴线方向所受的力亦为导弹发射过程中所受的推力。因此，导弹所受到的推力大小可表示为

$$F = \left| \boldsymbol{F}_{\mathrm{B}} \right|_k + F_{\mathrm{f}} = \left| \frac{I}{2} \sum_{i=1}^{4} \int_{l_i} (\boldsymbol{B}_I + \boldsymbol{B}_R) \times \mathrm{d}\boldsymbol{l} \right|_k - \frac{\mu Q b^2 E_{\mathrm{T}} a \alpha_{\mathrm{T}}}{6} \left[\frac{b}{\lambda_{\mathrm{T}}} + \frac{6}{\alpha_{\mathrm{F}}} \right]$$
$$\tag{2.30}$$

式中：$\left| \boldsymbol{F}_{\mathrm{B}} \right|_k$ 为 $\boldsymbol{F}_{\mathrm{B}}$ 在 $\boldsymbol{k}$ 方向即发射轴线方向的分量大小。

2.3　电磁环境仿真分析

为直观展现四轨道电磁发射器的磁场特性并验证上述理论分析的可靠性，本节采用数值分析与有限元仿真的方法对导轨及电枢区域的磁场分布进行仿真。结合仿真结果分析发射器内磁场分布对发射过程的影响，并对模型的磁场性能进行简要分析。

2.3.1　有限元分析法及初值条件设定

有限元分析法是利用数学近似方法对真实的物理系统进行模拟的工程分析方法。它将求解域看成是由许多小的互连子域组成的，对每一个单元假定一个简单的近似解，然后推导求解这个域总的满足条件，从而得到问题的近似解。

电磁场有限元分析的理论基础是麦克斯韦方程组，即

$$\left. \begin{array}{l} \nabla \times \boldsymbol{E} = -\mathrm{j}\omega\mu\boldsymbol{H} \\ \nabla \times \boldsymbol{H} = \mathrm{j}\omega\varepsilon\boldsymbol{E} + \boldsymbol{J} \\ \boldsymbol{J} = \gamma\boldsymbol{E} \end{array} \right\} \tag{2.31}$$

式中：$\boldsymbol{E}$ 是电场强度；$\boldsymbol{H}$ 是磁场强度；$\boldsymbol{J}$ 是电流密度；ω 是电流角频率；μ 是磁导率；

ε 是介电常数；γ 是电导率。

由式（2.31）可以推导出

$$\frac{1}{\gamma + j\omega\varepsilon} \nabla \times \boldsymbol{H} = \boldsymbol{E} \tag{2.32}$$

进而可以导出

$$\nabla \times \left(\frac{1}{\gamma + j\omega\varepsilon} \nabla \times \boldsymbol{H} \right) = -j\omega\mu\boldsymbol{H} \tag{2.33}$$

式（2.33）为计算磁场强度 $\boldsymbol{H}$ 的理论基础。基于此，可求得其他电磁场参数。

ANSYS 是世界著名的有限元仿真软件之一，其中的 Maxwell 模块在电磁场分析领域得到了广泛应用。本节应用 Maxwell 3D 模块对发射器模型内部磁场分布特性进行仿真，其相关参数设置如下：

（1）选用铜质导轨和铝质电枢构建模型；

（2）激励选用 3 kA 电流源，按图 2.2 模型中所示设置电流方向，设置实体电流传导路径以考虑电流趋肤效应的影响；

（3）对模型内部指定剖分规则进行网格划分，设定单元的最大边长为模型相应边长的 1/20；

（4）选取真空边界条件和 10 倍模型尺寸的求解域对所构建的模型进行求解。

2.3.2 轨道间磁场性能分析

导轨间磁场分布的数值仿真结果如图 2.7 所示，其 Maxwell 3D 模块有限元分析的仿真结果如图 2.8 和图 2.9 所示。图 2.8 展现了导轨间磁感线的大小和走向，图 2.9 则展现了导轨间磁场分布的有限元仿真结果。

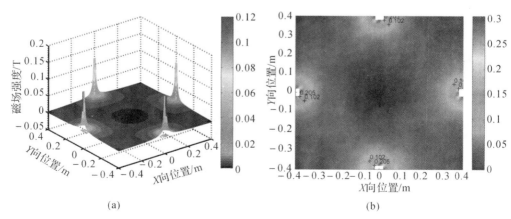

图 2.7 基于数值分析的导轨间磁场分布图

（a）三维等高线图； （b）二维截面云图

　　由图 2.7(a)可以看出,越靠近导轨,磁场强度越大,而发射中心区域的磁场强度为零。据此不难得出,靠近导轨处电流的大小将对发射器的推力有很大影响。因此保持导轨与电枢之间的良好电接触十分重要,而中心区域则适合装载敏感电子器件而使其不受强磁场干扰。数值仿真结果与电磁场理论分析结果相一致。

　　由图 2.7(b)展示的各导轨间磁场大小分布可以得出,除了导轨附近外,两相邻两导轨间的磁场也较大,这从另一方面证实了电枢结构设计的优越性,即电枢的结构特点使得电枢中电流较为集中地流过强磁场区域,加强了电枢推力;而镂空的电枢中心区域与发射区域的零磁场区域对应,并不会给推力造成明显损失。

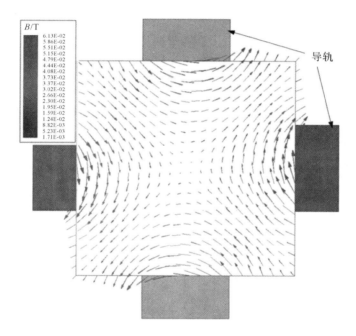

图 2.8　基于有限元分析的导轨间磁场分布矢量图

　　在图 2.8 中,上下导轨中电流经电枢流入左、右导轨,各导轨中电流产生的磁感线呈中心对称分布。从图中箭头的颜色和大小可以看出,磁感线集中沿各导轨附近及相邻两导轨中间区域分布,因此电枢所受的电磁推力也主要由此部分磁场与电枢中电流相互作用产生,且各部分推力的方向相同。

　　图 2.9 的导轨间磁场分布的有限元分析结果亦表明,导轨附近及相邻导轨之间磁场分布比较强,而发射中心区域的磁场非常弱,整个发射区域的磁场强度

呈对称分布,与图 2.7 的仿真结果一致。

图 2.7～图 2.9 互相论证了导轨中电流形成的四极磁场的磁场分布特性,其数值分析和有限元分析结果的一致性表明了模型的科学性和可靠性。二者分析结果均表明,靠近导轨区域的磁场强度较大,从导轨至区域中心,磁场强度依次减小,中心点的磁场强度理论上为零。

由此可以推断出,发射器对电枢的推力主要由电枢电流与导轨附近的强磁场相互作用产生,因此在设计电枢时应加强电枢与导轨接触部分的结构强度,以及保证电枢与导轨间良好的电接触;而电枢中心区域与发射中心区域相对应,此处磁场非常弱,对电枢产生的推力可忽略不计,因而无须采取繁杂的电磁屏蔽措施也可装载敏感电子器件。

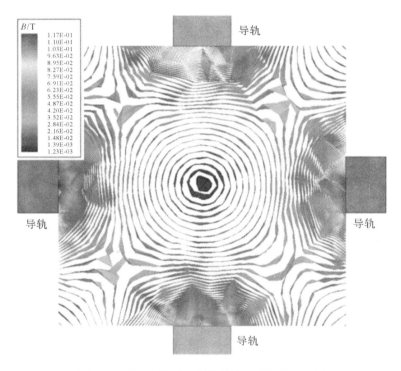

图 2.9　基于有限元分析的导轨间磁场分布云图

2.3.3　电枢区域磁场性能分析

在发射过程中,电枢内的电流也会产生感应磁场。为了确保装载在电枢上的发射体正常发射,需要对电枢内的电流和磁场性能进行研究。当电枢为正方形平板时,电流在电枢内的分布受电枢结构影响较小,能较好地反映四极场中电枢内电磁场的真实特性。首先以正方形平板为例,研究导轨内电流流经电枢时电枢区域的电流及磁场分布,然后根据电枢内电流及磁场分布特点,结合电枢强度和散热性能等对电枢结构进行优化设计。

正方形平板电枢中的电流分布如图 2.10 所示。电流主要由高电势导轨沿电枢中最短路径流向低电势导轨,且整体呈对称分布,而平板四角及中部电流较小,在中心点处为零。因此,为加强发射过程中电枢散热,将平板四角及中心区域镂空,但此设计并不会对电枢内电流的分布带来太大改变而影响电枢的磁场分布及所受推力大小。同时,电枢与导轨接触处电流密度较大,因而所受电磁力也较大,因此加强电枢与导轨接触处的结构强度是很有必要的。根据以上对电枢内电磁特性分析的结果,构建出了图 2.3 的电枢结构模型,体现了建模的科学性和电枢结构的优势。

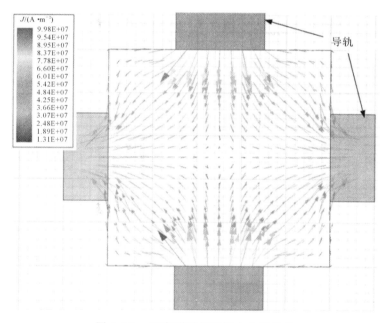

图 2.10　正方形平板电枢中电流分布

图 2.11 展现了电流流过电枢时产生的磁场分布情况,箭头代表磁感线的方向,颜色越深表示磁感应强度越大。为使表达清晰,图中隐匿了电流的流向及电枢形状。从图 2.11 不难看出,电流流经电枢时产生类似于导轨产生的“四极场”,虽磁感线走向不同,但靠近导轨区域,电枢内的磁感应强度也明显较大,而电枢中心区域的磁感应强度较小。此外,从发射轴线方向来分析,靠近电枢后端

的磁感应强度明显大于电枢前端的磁感应强度,这可能是电枢后端电流密度较大造成的;若考虑发射过程中电流速度趋肤效应产生的影响,这一现象将更加显著。

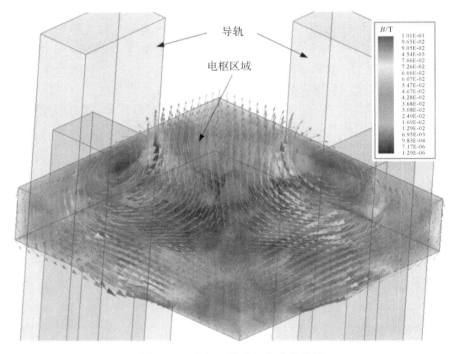

图 2.11　电枢区域磁场分布仰视图

　　受电流分布的影响,电枢前端的磁感应强度整体相对较弱,中部的弱磁场区域明显扩大,如图 2.12 所示。

　　图 2.11 和图 2.12 所示结果表明,虽然电枢内电流在靠近导轨区域产生一个较强的磁场,但电枢电流在电枢中间区域产生的磁场相互抵消,产生一个弱磁场,对装载在电枢中部的导弹并不会造成太大的干扰,这在传统的轨道式电磁发射器中是难以实现的(必须采取相应的电磁屏蔽措施)。同时,电枢后部的磁感应强度大于电枢前部的磁感应强度也证实了电枢内电流分布的不均匀性,因此必须加强电枢与导轨接触面后部分电流的疏导并减小接触电阻,以减小电枢后部烧蚀,这在图 2.3 所设计的电枢结构中也有所体现。

　　在实际电磁发射过程中,激励选用的是脉冲电流源,电流的趋肤效应及空间磁场特性可能因此而受影响。以脉冲电流模型作为输入电流,对电枢区域的瞬态磁场特性进行研究,沿电枢中心线上的瞬态磁场分布如图 2.13 所示。

图 2.12　电枢区域磁场分布俯视图

从图 2.13 可以看出,以脉冲电流作为输入时,电枢区域瞬态磁场的分布趋势与恒定电流作为输入时电枢区域的磁场分布趋势大体一致,即靠近导轨附近的磁场强度较大,而电枢区域的磁场强度较小,且整个发射周期内的磁场分布趋势基本保持不变。

2.3.4　发射区域磁场性能分析

对整个发射区域内部及发射器外围磁场进行分析,其仿真结果分别如图 2.14 和图 2.15 所示。

由图 2.14 可以看出,在整个发射器内部,发射导轨通电部分磁场较大,电枢前端的发射区域磁场辐射则较小;导轨附近磁场分布很强,而发射轴线附近磁场却非常弱。因此在发射过程中,导弹装载的轴线位置不会受到强磁场干扰。与目前广泛探讨的将发射体装载在远离磁场干扰的电枢前端区域或采取繁重的电磁屏蔽措施不同,本模型可以在基本无须采取屏蔽措施的情况下将发射体装载位置穿过电枢甚至深入至发射器通电段,既精简了结构,也提高了发射过程的稳定性。同时,导轨附近强磁场与电枢靠近导轨处的强电流作用也能给发射体发射提供强大的推力支撑。

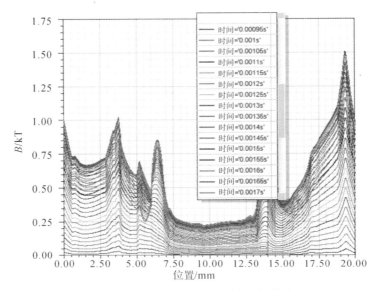

图 2.13　电枢中心线上的瞬态磁场分布

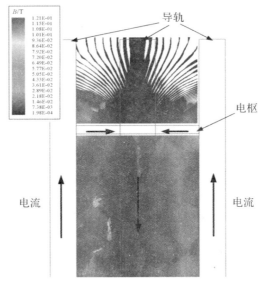

图 2.14　整个发射区域内磁场分布云图

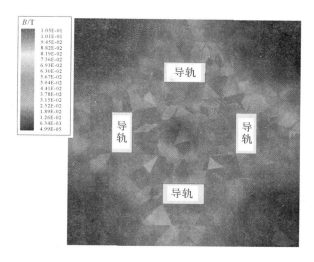

图 2.15　发射区域及外围横截面磁场分布云图

由图 2.15 可看出,虽然发射器中心区域(轴线区域)磁场很弱,但在无任何屏蔽措施的情况下,发射器会对外围环境产生较大的电磁辐射,可能会给发射器周围环境带来电磁干扰,并对操作人员造成一定程度的损害,甚至暴露发射阵地。因此须在发射器的外表面采取一定的电磁屏蔽措施。具体的屏蔽方法须结合屏蔽效果和要求而定,本书对此就不展开深入的研究了。

2.4　小　　结

本章结合电磁发射的特点和轨道式电磁发射的基本特性,构建了四轨道电磁发射器模型;依据电磁场理论知识,通过建立数值计算模型研究发射器内电磁分布特性,分别对导轨和电枢在发射器电流产生的四极场作用下的受力情况进行了分析;通过数值分析和有限元仿真对四轨道电磁发射器的磁场特性进行了验证,对发射器的结构及磁场性能进行了总结和评判,为本书后续的静力学分析和动力学分析提供了模型基础和理论依据,也为电磁发射器的设计提供了理论参考。

第3章 四轨道电磁发射器静态特性分析

本章从发射组件内部的电磁场特性这一微观层面,对四轨道电磁发射器的静态特性进行分析。对发射器导轨内部的电流及磁场分布情况进行探究,分析导轨所受电磁力大小、弹性形变、导轨内部的应力分布以及热分布特点,进而判定导轨的发射性能并初步评估其使用寿命;结合电枢内电流及磁场特点分析发射器的推力大小,研究发射器对发射体的推进性能。本章的分析结果可为轨道式电磁发射器性能评判及结构设计提供参考。

3.1 导轨静态特性分析

发射过程受各种因素的影响,导轨内的电流往往不是均匀分布的,这对导轨内的磁场分布以及由导轨内电磁特性决定的导轨所受电磁力均会产生影响,从而影响导轨的静态性能,具体表现在:

(1)导轨电流分布不均匀可能导致导轨局部焦耳热过高,造成局部热烧蚀;

(2)导轨在电磁力作用下会发生形变,产生应力、应变等,从而影响导轨的使用寿命和发射过程的稳定性;

(3)导轨形变过大会增大接触电阻甚至导致导轨与电枢接触界面分离。

因此,有必要对上述现象进行研究。本节先对导轨内电磁分布特性及受力进行分析,在第3.2节中再通过电磁结构耦合分析对导轨变形以及应力应变进行研究。

3.1.1 导轨内部电流分布

导轨内部电流分布会影响导轨的受力及导轨内热源分布,本小节先对静态四极场中导轨内电流分布进行研究。在远离导轨端部和导轨与电枢接触处的导轨部分,沿导轨轴向的电流分布可视为均匀,此处只对导轨径向横截面的电流进行分析。

为了准确探究四轨道电磁发射器导轨内电流分布情况,须结合所须发射器的实际结构尺寸,建立等比计算模型。模型如下:

将相对两导轨内表面的距离设定为 600 mm,导轨的其他结构尺寸如图 3.1 所示。受趋肤效应的影响,导轨中电流主要沿导轨表面分布[50,52],因此选取沿导轨表面的计算路径,如图 3.1 中 S 所示;导轨电流设为 100 kA,在计算中考虑导轨中涡流效应的影响。导轨中电流分布的有限元分析结果如图 3.2 所示。

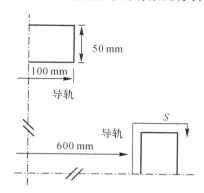

图 3.1　导轨参数设置及导轨表面电流计算路径示意图

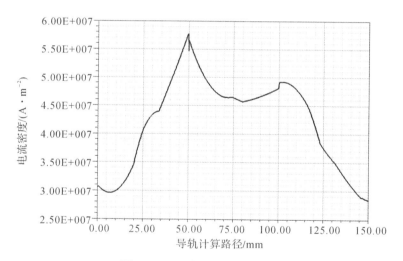

图 3.2　环导轨表面电流密度分布

从图 3.2 可以看出,电流最密集区域为两导轨相邻的表面,导轨四角电流密度大,且内角大于外角;导轨表面中部电流密度最低,整个导轨中电流最大值约为最小值的 2 倍。可以看出,导轨中电流仍然存在轻度的邻近效应。但在传统的小口径四轨炮中,导轨内电流受邻近效应的影响严重,两相邻导轨中相互靠近的导轨表面电流密度为非接近表面电流的 4 倍以上[123]。相对而言,四轨道电磁发射器导轨中的电流邻近效应的影响已被大为减弱,这可能跟导轨间距离的增大有关。基于两导轨相邻的表面电流密度较大,此表面产生的焦耳热也会随之增大,因此须加强此处的热排放以降低导轨热腐蚀。增大导轨四角的曲率半径也可进一步降低导轨内邻近效应。

3.1.2 导轨内部磁场分布

本小节对处于四极场中导轨的内部磁场进行分析。由于导轨内电流靠近表面分布,因此主要对靠近导轨表面部分的磁场特性进行研究。如图3.3所示,选取沿导轨轴向的分析路径距导轨内表面0.3 mm,以发射过程中某一时刻电枢运动至距离导轨尾部50 cm的位置为研究对象,则导轨内磁场的分布如图3.4所示。

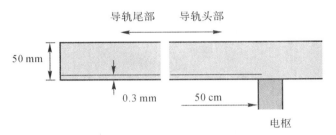

图 3.3 导轨、电枢位置参数示意图

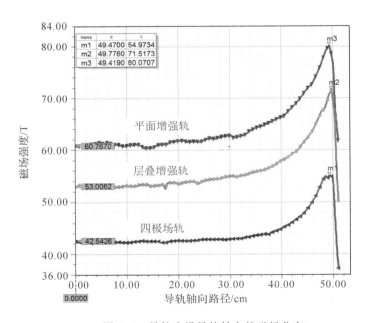

图 3.4 导轨内沿导轨轴向的磁场分布

为更清晰地展现四极场导轨内的磁场分布以及随后的导轨受力特性,在其他相关条件不变的情况下,此处对层叠增强型和平面增强型轨道发射器导轨内的磁场分布也进行了研究,结果一并在图 3.4 中给出,以作对比。

从图 3.4 可以看出,在远离电枢位置的导轨的内部磁场分布曲线均比较平稳;当靠近电枢位置时,磁感应强度急剧增加,在导轨与电枢接触面的尾部,受电流集中地流过电枢的影响,此处的磁感应强度达到最大值。从导轨内部整体磁场性能来看,四极场导轨内磁场沿导轨轴向的分布趋势与层叠增强型及平面增强型导轨内磁场分布趋势无异,但其大小却明显小于层叠增强型和平面增强型。

同样选取图 3.1 中的分析路径,对环导轨内的磁场特性进行研究,其结果如图 3.5 所示。从图中可以看出,两导轨的相邻表面处的磁感应强度明显高于其他表面,导轨内角和外角处的磁感应强度达到峰值,这与导轨表面电流分布特点十分相似。

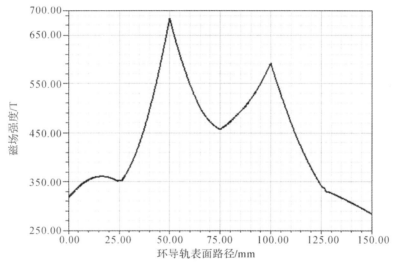

图 3.5　环导轨表面的磁场分布

3.1.3　导轨所受电磁力

通有大电流的导轨在强磁场中会受到强大的电磁力作用。同时,为了保证发射过程中电枢与导轨的良好接触以减小其接触电阻,电枢与导轨间应施加一个预紧力,二者共同作用影响着导轨的静力学特性。本书关注四极磁场下轨道式电磁发射器的发射性能,因此主要研究四极磁场下导轨的受力特点,而对电枢与导轨的接触预紧力的研究为固体电枢轨道式电磁发射技术面临的问题,本书未对其进行深入研究,其对导轨的影响可在一定程度上参考已有的对固体电枢预紧力方面的研究成果[45,47-48]。

本节对导轨所受电磁力进行分析时,为了展现四轨道电磁发射器的性能优势,对不同发射口径、不同类型增强型发射器的导轨性能进行简要对比和分析。其中小口径发射器代表用于发射小型弹丸的轨道式电磁发射器,假设加载电流为 1 kA;大口径发射器代表用于发射导弹等大抛体的轨道式电磁发射器,假设其加载电流为 100 kA。运用有限元方法对导轨受力进行计算,模型设置如下:

在四轨道发射器中,导轨成 90°交叉对称安装,其中小口径模型中每根导轨离发射中心轴的距离为 10 mm,导轨横截面的尺寸为 10 mm×5 mm,考虑到电流趋肤效应的影响,导轨尾部的输入电流为实体电流。大口径模型中每根导轨离发射中心轴的距离为 600 mm,导轨横截面尺寸为 100 mm×50 mm,其他条件保持不变。

为了便于对比分析,所有发射器导轨材料为铜,电枢材料为铝,同一口径的发射器其结构尺寸保持一致。在增强型轨道发射器中,相邻导轨之间的绝缘层为 1 mm。为了模仿远磁场边界条件,求解区域尺寸设置为模型尺寸的 10 倍大小。由于在 Maxwell 16.0 中无法直接控制网格的划分,故通过严格控制网格的长度来限制网格大小,以保证计算的精确性。此处网格的最大长度设置为对应边长的 1/20,最小迭代次数为 4 次,误差控制在 1/100 以内。

计算结果如表 3.1 和表 3.2 所示。

表 3.1　小口径发射器导轨所受电磁力

发射器类型	F_x/mN	F_y/mN	F_z/mN	F/N
层叠增强型轨道发射器	951.6	−644	0	1.16
平面增强型轨道发射器	0.02	1 640	76.5	1.645
四轨道电磁发射器	0.05	−486	25.9	0.49

表 3.2　大口径发射器导轨所受电磁力　　　　单位:N

发射器类型	F_x	F_y	F_z	F
层叠增强型轨道发射器	−25 874	6 785	173	26 724
平面增强型轨道发射器	6	−35 139	554	35 143
四轨道电磁发射器	0	−4 537	156	4 539

从表 3.1 和表 3.2 可以得出,四极场导轨所受电磁力明显小于层叠增强型

和平面增强型轨道发射器中导轨受力,且其几乎只受某单一方向的作用力,因此导轨受力小、易于稳固。层叠增强型导轨受两个方向的分力作用,平面增强型导轨所受电磁力在同一平面内且最大,这都将影响导轨的稳固性。同时,随着发射口径的增大及电流的增强,层叠增强型和平面增强型导轨受力的增大比例也明显大于四轨道电磁发射器。这可用第 2 章中电磁场理论分析结果及图 3.4 中导轨内磁场差异来解释,当导轨中电流大小相同时,导轨内磁场强度越大,导轨所受电磁力越大;从另一方面分析,四极场中相邻两导轨间电流流向相反,产生相互排斥的作用力,而相对两导轨电流流向相同,产生相互吸引力,二者叠加的结果也就导致了排斥力大大减弱,二者互相影响。

导轨承受过大的电磁力不仅会影响导轨发射过程的结构稳定性,也会使导轨产生大的变形,进而导致导轨与电枢之间产生电接触问题,此时需要导轨外部的衬垫来提供强大的支撑力来防止上述问题的发生。四极场轨道间的电磁排斥相比于其他类型电磁轨道要小,且这种优势在大电流情况下更加明显。因此对于大质量发射体,采用四轨道电磁发射器时其结构性能明显优于层叠增强型和平面增强型轨道式电磁发射器。

3.2 导轨电磁结构耦合分析

导轨的电磁结构耦合分析是考虑导轨的电磁特性与导轨结构性能之间相互作用的仿真分析。第 3.1 节中已对导轨内部电磁特性及导轨受力进行了初步分析,本节在此基础上进一步分析导轨电磁特性对导轨结构变形以及内部应力分布等产生的影响,以便从微观层面对导轨所需的结构强度及使用寿命进行简单分析。

3.2.1 电磁结构耦合理论

物体的动力学通用方程为

$$Mx'' + Cx' + Kx = F(t) \tag{3.1}$$

式中:M 为质量矩阵;x'' 为加速度矢量;C 为阻尼矩阵;x' 为速度矢量;K 为刚度矩阵;x 为位移矩阵;$F(t)$ 为力矢量。

在实际发射过程中,由于电流的变化及电枢受热膨胀对导轨压力的增大等因素,$F(t)$ 是随时间变化的,但其在某一具体时刻可视为是不变的。本节只考虑导轨在四极场中静态电磁力作用下的力学特性,而暂不考虑电枢膨胀力对导轨作用的影响,因此方程式(3.1)可简化为

$$Kx = F \tag{3.2}$$

式中:F 为静磁场下作用在导轨内的体积力,可以根据导轨内电流及磁场分布特性求得。

3.2.2 仿真模型的建立

根据上述理论分析,借助 ANSYS Workbench 软件平台建立四轨道电磁发射器三维模型并对其进行电磁结构耦合分析。将导轨简化成弹性基础梁模型,这种简化方法常用于轨道炮中导轨的应力分析中[81]。依然采用铜质导轨和铝质电枢,导轨尾部设置固定约束,导轨背部依靠弹性基础支撑,模型中材料性能及相关参数设置见表 3.3。

表 3.3 耦合分析模型中材料参数设置

	密度/(kg·m^{-3})	杨氏模量/MPa	刚度/(N·mm^{-3})
铜(导轨)	8 900	126.9	—
铝(电枢)	2 700	—	—
弹性支撑	—	—	1 000

为了更好地模拟发射过程中的真实环境,导轨与电枢之间设置为"Frictional"接触,其摩擦因数取 0.1。通过 ANSYS Maxwell 3D 模块计算出导轨的体积力,并将其设为载荷加载至耦合模型中进行分析计算。

3.2.3 仿真结果分析

导轨内体积力作用到导轨上,导轨结构会产生变形,而导轨结构的变形又会使导轨内磁场分布发生一定程度的变化。考虑到实际发射过程中不允许导轨产生大的变形,因而此处忽略导轨的微小形变对电磁场分布的影响,暂且只讨论电磁场对导轨的静力学性能的影响。

图 3.6 给出了四轨道电磁发射器中导轨在电磁场作用下的静力学性能。为使表达更清晰,根据其结构对称性,图中采取了剖视图的表现形式。

从图 3.6(a)(b)可以看出,除导轨尾部外,应力及应力密度在导轨内分布总体较为均匀,其中导轨靠近内表面部分及靠近电枢部分的应力及应力密度略高于导轨其他部分;图 3.6(c)(d)给出的导轨内等效弹性应变及应变能分布情况表明,导轨的最大应变发生在导轨内侧且沿电枢运动方向分布,导轨的应变能也大多集中于此。以 X 方向为例,图 3.6(e)给出的导轨方向位移变化表明,在电磁力的作用下,铜质导轨被压缩,导轨内表面的边缘地带及导轨靠近电枢部分的方向位移最大。如果不采取相应解决措施,可能会影响导轨与电枢的有效接触,从而影响发射性能。

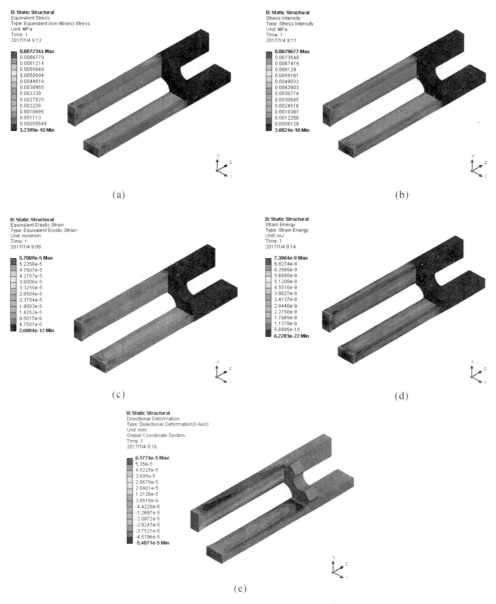

(a)　　　　　　　　　　　　　　　　(b)

(c)　　　　　　　　　　　　　　　　(d)

(e)

图 3.6　四轨道电磁发射器中导轨静力学性能

(a)Von - Miss 应力分布；　(b)应力密度分布；　(c)等效弹性应变分布；
(d)应变能量分布；　(e)方向位移

总而言之,导轨内部的应力、应变稍大于导轨上下表面,而导轨的方向位移则刚好相反。这可能是由电流流经导轨时较为集中地分布于导轨表面所致,因为导轨表面同方向的电流会产生相互吸引力对导轨内部进行挤压。而在靠近电枢的导轨部分,应力、应变及位移均比较大,这可能是由电流集中流经电枢所造成的。因此,为提高导轨的使用寿命,应采取措施尽量避免导轨内电流集中。对整个四轨道电磁发射器内的导轨而言,应力、应变及位移都是对称的,且整体分布较为均匀,不容易造成导轨结构失效。

3.3　发射器推进性能分析

发射器的推力由电枢内的电流与发射区域内的磁场相互作用产生。第 2 章中对发射器内磁场分布及电枢内电流流向进行了定性分析,并依此探讨发射器内电磁环境是否符合电子器件的装载要求,本节则在设定的参数条件下首先对电枢区域的磁场及电流进行定量分析,进而分析发射器所能提供的推力大小及影响因素。

3.3.1　电枢中电流分布

从第 2.3.3 节中已得知电枢区域内电流主要沿最短路径从高电势导轨流向低电势导轨。据此,采用图 3.7 中虚线所示路径对导轨主电流路径上的电流密度及磁场分布进行研究。本小节主要研究电流密度及磁场分布的变化趋势,暂不涉及具体四轨道电磁发射器的相关参数,因此采用缩比模型进行研究,以减小运算量,提高精度。对于发射口径等因素对发射器推进性能的影响将在第 3.3.2 节论述。

电枢主电流路径上的电流密度分布如图 3.8 所示,其输入电流为 1 kA。

从图 3.8 中可以看出,电流密度在路径中点即两相邻导轨中间区域达到最大值 1.48×10^7 A/m^2,而在靠近导轨的电枢区域,其电流密度稍小,为 1.34×10^7 A/m^2 左右。由此可以得出,电流在电枢结构的影响下沿最短路径较集中流过电枢。因此将电枢四个角向内倒圆角设置引流弧也起到了散热的作用。关于电流分布特性对发射推力的影响,下面将结合电枢内磁场分布进行分析。

3.3.2　电枢中磁场分布

模型尺寸及输入电流不变,仍采用图 3.7 中所示的分析路径,得出电枢中的磁感应强度分布如图 3.9 所示。

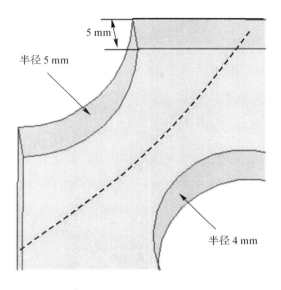

图 3.7　四分之一电枢模型及其三维结构尺寸

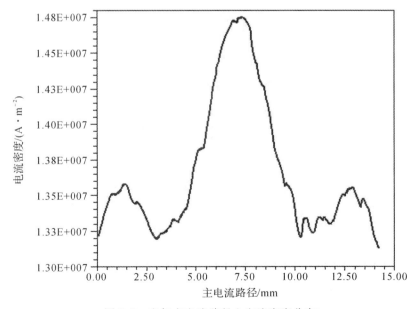

图 3.8　电枢主电流路径上电流密度分布

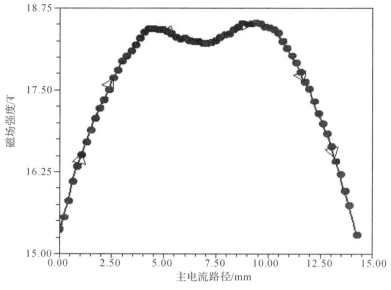

图 3.9　电枢主电流路径上磁感应强度分布

从图 3.9 可以看出，电枢中的磁感应强度为 15.25～18.5 T，且在路径的中间区域其值最大，也就表明，虽然导轨中电流产生的磁场在整个发射区域的轴线上是抵消的，但相邻两导轨处的磁场得到了加强，而这种特性在电枢区域内也得以延续，并没有受到电枢内电流分布的干扰。由于电枢的结构特点，此强磁场处的电流密度正好也为最大值，因此电枢内的强电流与强磁场相互作用，产生强大的电磁推力，因而发射器的推进性能也主要受电枢主电流路径上的电磁特性所影响。

3.3.3　推力大小分析

第 3.3.1 和第 3.3.2 节简要分析了影响电枢电磁力生成的电枢主电流路径上的电流和磁场分布趋势，本小节则对发射器推进性能的优劣及影响因素进行简要分析。

基于能量守恒的观点，可以将轨道式电磁发射器的电磁推力与驱动电流关联起来，其表达式如下[124]：

$$F = \frac{1}{2}L'I^2 \qquad\qquad (3.3)$$

式中：I 是驱动电流；L' 是电感梯度。因此发射器推力 F 的大小可用电感梯度 L' 来衡量。

　　四轨道电磁发射器需要为发射体提供强大推力,这就需要大电流和大能量源做支撑。但由于受到现有电源技术的限制,电流的量级及能量的大小都不可能无限增大,以为大质量发射体提供大的推力,因此要求发射器具有较大的电感梯度及能量利用率。考虑到小口径发射器中导轨受电流邻近效应影响较大,可能会进而影响发射器的电感梯度,因此分别对大、小口径的发射器的推力性能进行研究。为了更清楚地展现四轨道发射器的推力性能,此处同样对相同条件下层叠增强型和平面增强型轨道式电磁发射器的推力性能进行了对比研究。这两种增强型轨道发射器是有与四轨道电磁发射器相同数目的电流路径,且都是通过增加发射区域的磁场来增大发射器的推力的,因此具有对比研究的意义。

　　在输入电流为 1 kA 的条件下,各小口径发射器电磁推力的有限元计算结果如表 3.4 所示。其中,X、Y 方向代表发射器径向方向;Z 方向代表发射器轴向方向,即发射方向。

表 3.4　小口径下不同类型轨道式电磁发射器推力

发射器类型	F_x/mN	F_y/mN	F_z/N	F/N
层叠增强型轨道式电磁发射器	−0.023	0.21	0.917	0.917
平面增强型轨道式电磁发射器	−0.06	−0.01	0.554	0.554
四轨道电磁发射器	0.06	0.005	0.414	0.414
传统轨道式电磁炮	−0.02	−0.002	0.280	0.280

　　从表 3.4 可以看出,相比于传统的轨道炮,虽然四轨道电磁发射器所产生的推力有较大提升,但其效果却没有层叠增强型和平面增强型轨道发射器明显,其中层叠增强型轨道发射器在同等电流下所能提供的推力最大。这可能是由于在小口径发射器中,层叠增强型发射器与平面增强型发射器导轨电流在发射区域内产生的磁场相互融合,使得其磁通量大为加强,而相比之下四轨道电磁发射器导轨中电流在发射区域内产生的总磁场有所削弱,加上导轨内电流邻近效应的影响,故其推力性能略逊于上述两种增强型发射器。

　　图 3.2 中的分析表明,大口径下四轨道电磁发射器导轨内电流邻近效应得到很大缓解,且磁场的相对削弱程度也会减弱,因此对大口径下发射器的推力进行分析,其结果如表 3.5 所示。结合轨道式电磁发射的实际所需,暂假定驱动电流为 100 kA。

表 3.5　大口径下不同类型轨道式电磁发射器推力

发射器类型	F_x/mN	F_y/mN	F_z/N	F/N
层叠增强型轨道式电磁发射器	−3.27	−2.734 8	19 809	19 809
平面增强型轨道式电磁发射器	1.41	−4.56	8 470	8 470
四轨道电磁发射器	0.18	2.37	11 004	11 004
传统轨道式电磁炮	1.48	−2.42	3 196	3 196

　　为了排除因驱动电流的改变对发射器性能判定带来的干扰,此处借助式(3.3)中的电感梯度来进行分析。从表 3.5 可以看出,大口径四轨道电磁发射器的发射推力大为加强,其"电感梯度"相比于小口径下增大了 167%。随着发射口径的增大,上述轨道型发射器的电感梯度均有所增强,其中层叠增强型轨道发射器增大了 116%,平面增强型轨道发射器增大了 53%,传统的电磁轨道炮却仅增大了 14%。因此,在大口径发射器中,虽然层叠增强型轨道发射器仍具有很大的推力优势,但四轨道电磁发射器具有更大的潜力,且其结构更为稳定,其综合性能将更适合发射大质量抛体。

　　为进一步研究四轨道电磁发射器推力性能与发射口径之间的关系,以发射口径为变量,对模型的推力进行有限元分析。保持驱动电流为 10 kA 不变,将两相对导轨之间的距离即发射口径变化范围设为 100~1 000 mm,当发射口径增大时,导轨和电枢的结构尺寸也同比增大,网格的划分也随之调整。发射器推力大小随发射口径的变化关系如图 3.10 所示。

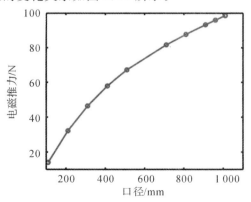

图 3.10　发射器推力大小与发射口径之间的关系

由图 3.10 可以看出,在驱动电流不变的情形下,随着发射口径的增大,四轨道电磁发射器推力也增大,且在一定的发射口径变化范围内,发射器推力增长速度较快,超过此范围后,其增长速度逐渐减慢,且推力将逐渐趋于某一极限值。这可能是因为当发射口径增大到一定程度时,磁场削弱及电流邻近效应的影响可忽略不计。

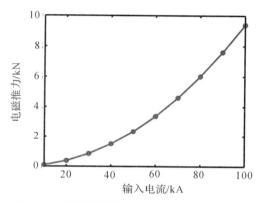

图 3.11　大口径发射器推力大小与输入电流之间的关系

在发射器结构尺寸确定后,发射器推力大小还与驱动电流有关,在传统的轨道式电磁发射器中,将这一关系描述为式(3.3)的形式。对四轨道电磁发射器而言,明确了电磁推力与驱动电流之间的关系,就可以通过控制驱动电流来精确地控制对发射体的推力,进而控制发射体的发射速度及射程。设定四轨道电磁发射器的发射口径为 900 mm,利用有限元分析法对其推力与电流之间的关系进行研究,结果如图 3.11 所示。可以看出,随着电流的增大,发射器的推力也显著增大,且二者近似成二次函数关系,因此在提供足够大电流的情况下,四轨道电磁发射器可以为导弹发射提供足够大的推力。图 3.11 中曲线与式(3.3)吻合较好,这说明四轨道电磁发射器与传统轨道式电磁发射器有相通之处,上文中引入的电感梯度的概念也是合适的。

3.4　小　　结

本章对四轨道电磁发射器静态性能进行了分析,包括导轨静态性能分析、导轨电磁结构耦合分析以及发射器推进性能分析三个方面。具体对导轨内电流的邻近效应进行了分析,研究了导轨内的磁场分布趋势,进而对导轨所受电磁力与相同条件下其他类型增强型轨道式电磁发射器进行了对比分析,并通过电磁结构耦合分析明确了导轨在四极场中的静力学特性;通过对电枢内主电流路径上的电流分布及磁场分布的定量分析,以及不同发射口径下发射器推力的有限元计算,对四轨道电磁发射器的推进性能及影响因素进行了较全面的分析。本章对四轨道电磁发射器的静态性能进行了综合评判,结果可以为四轨道电磁发射器的设计提供借鉴。

第4章　四极磁场下导轨瞬态动力学分析

本书第3章对四轨道电磁发射器中导轨在恒定电磁场作用下的静力学性能进行了分析,而在实际发射过程中,导轨受力颇为复杂。在实际发射过程中,能量供应源大多为脉冲电流源,而脉冲电流源产生变化的磁场,因而作用在导轨上的力也是变化的,这就为导轨的结构性能带来了更大的挑战。当前,对发射组件的静力学特性或恒电流作用下导轨的动态性能研究较多,而针对具体的脉冲电流作用下导轨的动态性能的分析则相对较少。为进一步研究发射过程中导轨的稳定性及其使用寿命,本章对导轨在脉冲电流作用下的动态性能进行进一步分析。

在瞬态发射过程中,同样存在电枢与导轨之间的预紧力以及电枢膨胀对导轨的挤压力的作用,文献[79,112]对此进行了较为详细的研究,本书暂不进行深入研究,只将这些作用力一概视为外加载荷作用在导轨上加以分析,而重点研究由脉冲电流产生的脉冲磁场对导轨的作用。此外,随着电枢的运动,通电导轨的长度增加,这在很大程度上增加了分析的难度,本书将其简化为对一定长度通电导轨加载脉冲电流的情形进行研究。

4.1　强脉冲电流模型

在电磁发射过程中,发射器须在极短时间内将发射体加速到超高速,所以发射器必须提供很大的推力,而由式(3.3)可知,此推力与导轨中电流的二次方成正比,因此必须给发射器提供大电流。目前提供恒定的大电流很难达到,最常见的方法是采取脉冲电流的方式来实现,而单个脉冲电流往往无法满足发射能量要求,因此通常将多个单一脉冲电流整合起来以获得较宽的电流宽度持续给抛体加速,以提高发射体的发射速度。如果是大质量发射体,其所需推力更大、电流的量级更高,因此也需采用多个脉冲电流合成的方式来供电,其合成的电流模型简化成如图4.1所示的脉冲中电流模型。为简化分析,假设电流上升段、峰值段、衰减段所持续的时间相同,均为1 ms。

为了确保发射体在发射过程中一直处于加速状态,实际发射时,在发射体脱离导轨前电流不应该完全降为零,即在电流的衰减段,发射器为发射体提供的推力仍能促使发射体克服各项阻力而继续加速直至滑离导轨。但如果发射体飞离导轨时导轨电流过大,则会造成大量磁能储存在发射器内,造成能量的浪费。本章只作四轨道电磁发射器导轨瞬态动力学性能的原理性研究,未结合发射体参数而作具体分析,因此暂将脉冲电流的峰值设为 100 kA,其末时刻电流为 3 kA。

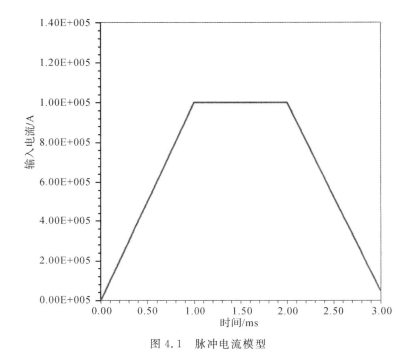

图 4.1　脉冲电流模型

根据图 4.1 的脉冲电流模型,本章首先分别对电流上升段 0~1 ms、平稳段 1~2 ms、衰减段 2~3 ms 导轨的瞬态动力学性能进行分析,然后对整个完整过程中导轨性能的动态变化进行研究。将导轨简化成弹性基础梁,其一端采用固定约束,另一端采用铰支约束,导轨及弹性支撑的相关参数如表 3.3 所示。

4.2　电流上升阶段导轨动态性能分析

4.2.1　上升段导轨内电磁体积力

在电流上升阶段,随着电流的增加,发射区域的磁感应强度增强,导轨所受的电磁体积力也增大。由四轨道电磁发射器的结构对称性易知,四根导轨受力相同,选取其中一根导轨为研究对象,其电磁体积力变化如图 4.2 所示。由图可以看出,随着电流随时间增加,导轨内体积力迅速增长,即导轨所承受的载荷急剧增加。

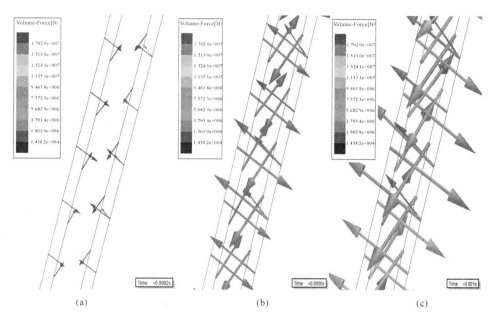

图 4.2　电流上升阶段导轨内电磁体积力变化图
(a)$t=0.2$ ms;　(b)$t=0.6$ ms;　(c)$t=1$ ms

4.2.2　上升段导轨所受合力

导轨除了承受电磁力的作用外,也承受预紧力与电枢膨胀力的作用。电枢预紧力在发射过程中可视为固定不变,而电枢的膨胀力则随电流的增大而增加。这是因为,一方面电流增大会使焦耳热增加从而导致电枢膨胀,另一方面导轨与电枢表面的摩擦热的积累也会导致电枢膨胀。对处于电流上升阶段时导轨所受上述三种力的合力进行分析,其结果如图 4.3 所示。

从图 4.3 可以看出,导轨所受的合力可近似为单一分量,且不难得知这一分量即为导轨径向作用力;在发射初始时刻,导轨合力为零,此时弹性支撑对导轨的预紧力与电枢对导轨的反作用力相互抵消;随着发射过程的进行,导轨受力快速增长,且其增长趋势与导轨所受电磁力类似,这说明电磁力在发射过程中对导轨起主要作用,相比之下电枢膨胀力的影响则没那么明显。

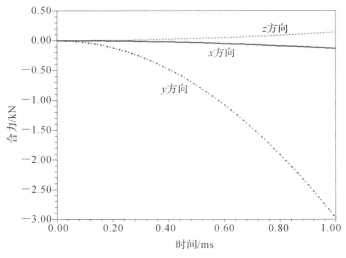

图 4.3　上升段导轨所受合力变化

4.2.3　上升段导轨瞬态响应

根据第 4.2.2 小节导轨受力分析易知,在电流上升阶段,导轨受力在短时间内将急剧增大,从而导致导轨变形及产生内部应力。当应力过大时,可能导致导轨内部产生疲劳损伤形成裂纹,而导轨的形变也会影响电枢与导轨的接触性能,甚至当形变超出导轨材料的屈服极限时会导致塑性变形,使发射器失效。对导轨进行瞬态动力学分析,得到导轨的形变量、应力及径向加速度随时间的变化关系,如图 4.4～图 4.6 所示。

由图 4.4 可以看出,在通电初始阶段的较长一段时间内,导轨因所受电磁力较小未能使导轨产生明显形变,此时导轨的形变为零,而经过一定长时间后,导轨形变急剧增大。

从图 4.5 可以看出,导轨内最大等效应力的变化趋势与导轨形变相似,也表现为初始通电阶段导轨应力较小,超出一定时间后导轨应力急剧增大。

从图 4.6 可以看出,初始阶段导轨垂直于发射轴的径向加速度为零,随着电流随时间的增大,导轨径向加速度逐渐增加,结构不稳定性增强。

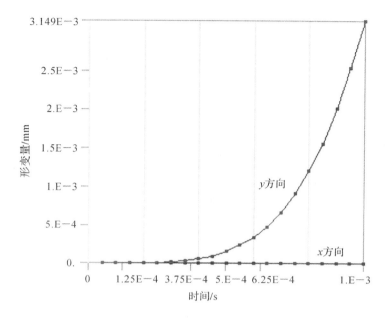

图 4.4　上升段导轨形变随时间变化曲线

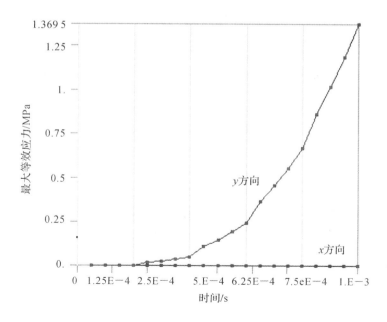

图 4.5　上升段导轨内部最大等效应力随时间变化曲线

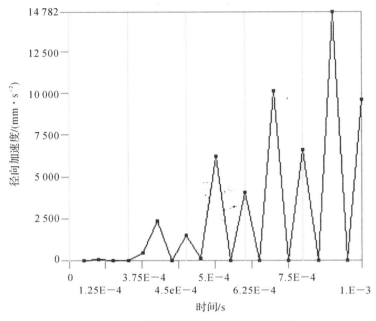

图 4.6　上升段导轨径向加速度变化趋势

4.3　电流峰值阶段导轨动态性能分析

4.3.1　峰值段导轨内电磁体积力

驱动电流的峰值阶段由多个脉冲电流的峰值整合而成,因此可将此段电流视为恒定电流处理。根据电流的连续性,此时导轨内的电磁体积力保持着电流上升段末端时刻导轨内的体积力的状态,如图 4.2 中 $t=1$ ms 时所示。

4.3.2　峰值段导轨所受合力

当电流处于峰值时,导轨所受的电磁力也达到最大值,对导轨所受合力起主导作用。由于峰值段电流不变,因此导轨合力大小也保持不变,如图 4.7 所示。

4.3.3　峰值段导轨动态响应

本节暂且忽略峰值阶段之前导轨状态的影响,单独分析电流处于峰值阶段时导轨的动态响应。此阶段驱动电流为恒稳大电流,因此对本阶段动力学分析的结果亦可为其他恒定电流发射器中导轨动态响应的分析提供参考。

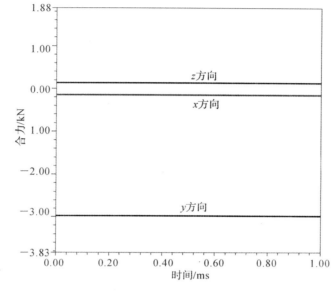

图 4.7　峰值段导轨所受合力

在零初始状态下,将脉冲电流的峰值加载至导轨上时,导轨瞬间承受巨大的作用力,这种情形下导轨的动态响应如图 4.8～图 4.10 所示。由图 4.8 可知,虽然作用在导轨上的力是恒定的,但导轨的形变量不会一开始就突变至最大值,而是在短时间内快速增长,这说明导轨的变形表现为一定惯性作用,且由于整个阶段作用时间极短,导轨的形变量一直处于增长状态。

由图 4.9 可以看出,导轨内部最大等效应力也是由初始状态呈快速增长趋势,且开始时增长速度较快,随后其增长速度逐渐减小。可以预测,如果作用时间足够长,导轨内部的最大等效应力在一定时间后将趋于平稳,达到某一极限值。由于整个发射过程历时很短,峰值段时间更是极短,在惯性力的作用下,导轨的形变量和其内部的等效应力很难上升至极限值,因此无法据此而简单地预测整个发射过程中导轨的最大形变和最大等效应力,需要结合完整发射过程的各个阶段对导轨的动态性能进行分析。

由图 4.10 可知,当恒定电流突然加载到导轨上时,初始时刻导轨径向加速度较大,而后逐渐减小,最终将趋于零。这与弹性支撑对导轨的作用有一定的关系,良好的弹性支撑能在一定程度上起到缓冲的效果,使导轨在恒定力的作用下逐渐趋于稳定。

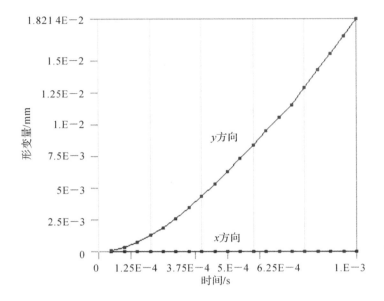

图 4.8　峰值段导轨形变随时间变化曲线

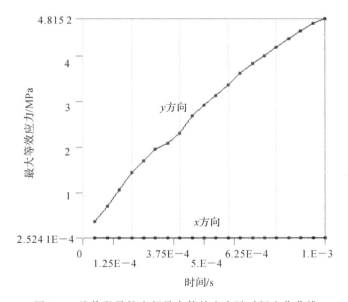

图 4.9　峰值段导轨内部最大等效应力随时间变化曲线

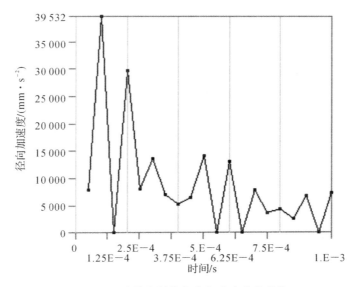

图 4.10　峰值段导轨径向加速度变化趋势

4.4　电流衰减阶段导轨动态性能分析

4.4.1　衰减段导轨内电磁体积力

当导轨内电流逐渐降低时,导轨内电磁体积力也会发生相应的变化,如图 4.11 所示。导轨内电磁体积力随电流的衰减而减小,由于电枢脱离导轨时导轨内电流仍保留一定的量级,所以此时导轨内仍存在一定大小的体积力作用。

4.4.2　衰减段导轨所受合力

当电流随时间衰减时,导轨所受合力的大小也随时间减小,如图 4.12 所示。在末端时刻,虽然导轨所受的电磁力体积力不为零,但发射器给导轨提供的预紧力能够与电磁力及电枢的膨胀力相抗衡,使得合力为零。

4.4.3　衰减段导轨动态响应

暂且忽略峰值段导轨的动态响应的影响,单独分析导轨在静止状态下加载衰减阶段电流时的动态响应。当以衰减段电流的初值作为导轨内驱动电流的初始值,将衰减段电流加载至导轨上时,导轨形变趋势、内部最大等效应力及导轨径向加速度的变化如图 4.13～图 4.15 所示。

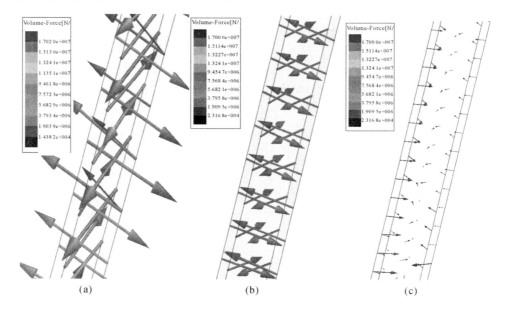

(a)　　　　　　　　　　(b)　　　　　　　　　　(c)

图 4.11　电流衰减阶段导轨内电磁体积力变化曲线

(a)$t=2$ ms；　(b)$t=2.5$ ms；　(c)$t=3$ ms

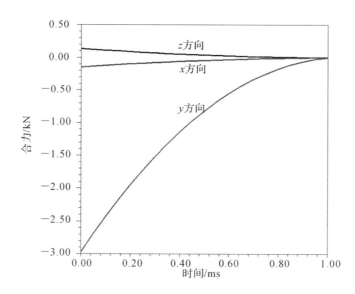

图 4.12　衰减段导轨所受合力变化曲线

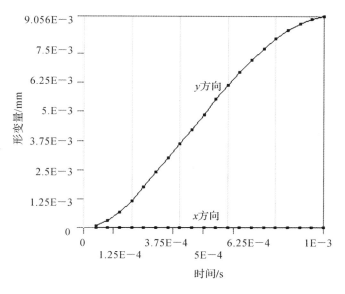

图 4.13 衰减段导轨形变随时间变化曲线

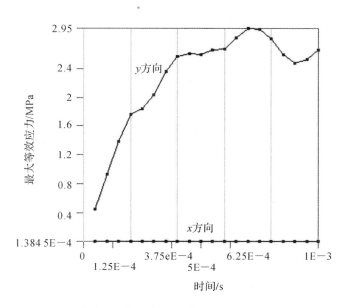

图 4.14 衰减段导轨内部最大等效应力随时间变化曲线

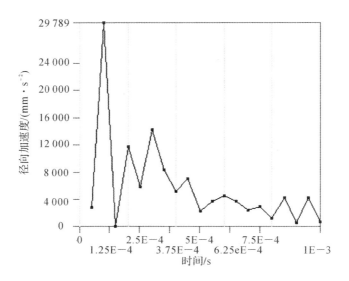

图 4.15　衰减段导轨径向加速度随时间变化趋势

图 4.13 表明,当初始时刻的大电流加载至静态的导轨上时,导轨会发生形变且形变量迅速增长,但在惯性力的影响下,形变是非突变的,经历了从零开始增长的过程;在短时间内,虽然导轨内的电流持续减小,导轨所受的作用力也相应减小,但导轨的形变在一定的时间段内仍持续增大,直到导轨所受作用力减小至某一特定值,其形变才趋于稳定。

图 4.14 表明,在初始衰减阶段,导轨内部的最大等效应力随电流衰减反而有所增加,而到达一定阶段后,其最大等效应力就趋于平稳甚至开始下降,这与前文导轨静力学及导轨内电磁场分析得出的导轨内部最大等效应力与流经导轨表面的电流的相互作用密切相关的结论相吻合。

图 4.15 表明,突然将衰减段电流加载至导轨上时,导轨的径向加速度很大,随着电流的衰减,作用在导轨上的合力减小,导轨径向加速度也随之减小,导轨逐渐趋于稳定。

4.5　全发射过程导轨动态性能分析

第 4.4 节分别单独对放电过程的三个环节中导轨的动态响应进行了研究,使读者初步了解了各个环节导轨的动态响应情况,其结果也可以作为四轨道电磁发射器分别以上述三种类型的电流作为驱动电流时导轨的瞬态动力学性能的理论参考。在实际发射过程中,上述三个环节是前后衔接的,且整个过程的作用时间极短,前一环节的状态对后一环节的影响很大,因此本节很有必要对整个发射环节中导轨的动态响应进行分析。

在如图 4.1 所示的输入电流模型的作用下,导轨在整个发射过程中所受合力变化如图 4.16 所示。

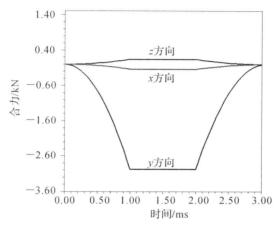

图 4.16　全发射过程中导轨所受合力变化

由图 4.16 可以看出,在整个放电过程中,导轨几乎只受单一方向的作用力,且导轨在放电初始阶段和结束时刻受力变化相对比较平稳,而在各阶段的交界处作用力曲线存在尖点。在此变化力的作用下,导轨在整个放电过程中的动态响应如图 4.17～图 4.19 所示。

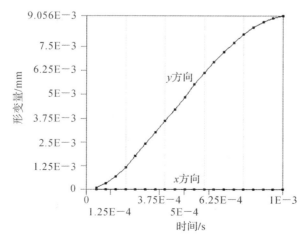

图 4.17　完整发射过程中导轨的形变量趋势

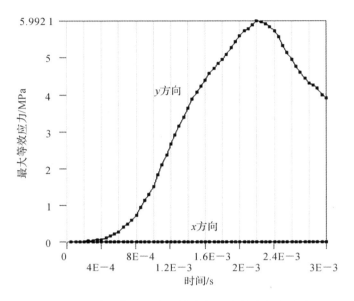

图 4.18　全发射过程中导轨内部最大等效应力变化

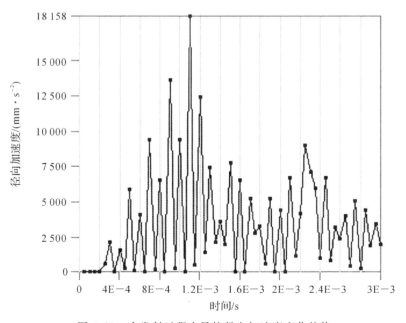

图 4.19　全发射过程中导轨径向加速度变化趋势

　　由图 4.17 可以看出,在发射初始阶段,由于导轨受力较小,其形变也较小,但整个过程中导轨形变持续增大,在电流处于上升段与峰值段交接处附近,导轨的形变梯度较大,然后基本保持不变。导轨形变在电流衰减阶段亦持续增长,这是放电时间短而受到前一阶段惯性作用影响的结果。如果导轨形变持续增大直至超过某一特定值,导轨将会发生塑性变形而对导轨造成无法恢复的损伤;导轨变形过大将会影响导轨与电枢的接触性能,增大接触电阻,降低发射效率。因此在发射轨道结构设计时应重点考虑导轨中后段的结构强度和刚度,选用刚度大的弹性支撑来固定导轨。

　　由图 4.18 可以看出,在发射过程中,导轨内部最大等效应力在电流上升段和峰值段持续增大,且在电流上升阶段及峰值段的前半段增长较快,峰值段后半段增长趋于缓慢,而至电流衰减段时则开始减小,其最大值发生在电流峰值段与衰减段的交接时刻。对于某一特定的发射器而言,这一时刻一般与导轨的某一特定区域相对应,因此在发射过程中应注意观察此段导轨的疲劳损伤情况,并对导轨结构采取相应的强化措施。

　　由图 4.19 可以看出,在电流上升段和峰值段,导轨的径向加速度变化趋势类似于电流变化趋势,但在峰值段的后半段径向加速度略有下降,其最大值发生在电流上升段向峰值段过渡时刻,此时发射结构可能产生较大幅度的振动,需采取一定的减振措施。在峰值段与衰减段的交接处,其径向加速度有较小的回升,这可能与作用力的突变有关。此后径向加速度逐渐降低,导轨逐渐趋于稳定。

　　在强脉冲电流作用下,由于发射器对发射体的作用时间极短、作用力极大,发射体结构将承受强度极大的轴向冲击载荷,这将为发射体的结构设计带来挑战。目前已有研究人员开展了对发射体抗超大过载作用的结构研究,并从理论上验证了其可行性[125]。限于篇幅,本书未具体涉及发射体的抗过载结构设计,仅侧重于发射器在强冲击载荷作用下的结构动态响应分析,研究结果表明,四轨道电磁发射器在超大过载作用下仍具有较好的结构稳固性。

4.6　小　　结

　　本章针对四轨道电磁发射过程中以脉冲电流为输入情况的导轨瞬态动力学进行了研究。首先将发射过程中的输入电流划分为三个阶段,并将它们单独作为输入源,分别研究导轨的动态响应,其次以整个发射过程为周期,研究电流连续变化时导轨受力变化及其动态特性。发射过程分段研究的结果展示了导轨在脉冲电流输入作用下各个阶段的动力学特性,为研究整个发射过程中导轨的动态响应提供了依据,也为不同类型驱动电流下导轨的动态性能的研究提供了参考;导轨在整个发射过程中的分析结果更为直观地描述了导轨发射过程中在连续动载荷作用下的动态特性,为导轨的使用寿命估计、可靠性分析及发射结构设计提供了理论依据。

第5章　串联增强型四轨道电磁发射器

当用轨道式电磁发射器弹射制导弹这种较大质量的发射体时,为了避免制导弹内部精密电子元件受到发射器内部强磁场作用而破坏,需要对制导弹特定部位的磁场进行屏蔽,这无疑增加了电磁发射器结构的复杂度。Hector Gutierrez 和 Rainer Meinke 将四极磁场应用于线圈发射器,并进行了大量研究[104-105]。基于四轨道电磁发射器的结构特点,轨道产生的磁场在发射器中心位置相互抵消,在发射器中心位置形成了一个磁场强度很小的圆柱形区域,这非常有利于保护发射体内部精密电子元件,但是四轨道发射器中心位置的磁场相互抵消是以削弱电磁推力为代价的[126]。为了增大四轨道发射器的电磁推力,本章提出串联增强型四轨道电磁发射器,并对增强型电磁发射器电枢受力进行理论分析和数值仿真计算。

5.1　串联增强型四轨道电磁发射器结构

图 5.1 为传统的四轨道发射器。为了增大轨道附近的磁场强度,同时保持发射器中间的磁场屏蔽的效果,参考增强型两轨道发射器,在四轨道发射器的每个轨道外侧再增加一层副轨道,如图 5.2 所示。其中内侧轨道♯2、♯4、♯5、♯7为主轨道,外侧轨道♯1、♯3、♯6、♯8 为副轨道。主轨道与副轨道的连接方式为串联。脉冲电流从轨道♯1、♯6 流入,从轨道♯4、♯7 流出。电流的路径为♯1→♯3→♯2→电枢→♯4 和♯7,♯6→♯8→♯5→电枢→♯4 和♯7,电枢运动的方向为 x 正方向。

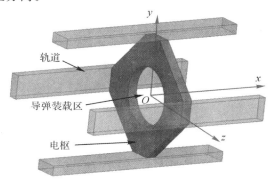

图 5.1　四轨道电磁发射器模型

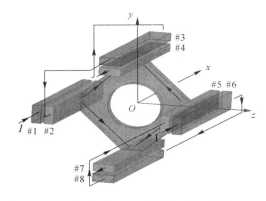

图 5.2　串联增强型四轨道电磁发射器

5.2　串联增强型发射器电枢受力分析

5.2.1　电枢磁场强度分析

串联增强型四轨道电磁发射器的磁场由主轨道和副轨道共同作用产生,相邻主轨道和副轨道在电枢一侧产生的磁场方向一致。由于增强型四轨道电磁发射器的导轨是层叠式的分层轨道,轨道中的电流近似均匀分布[127],在计算由轨道产生的磁场时,将轨道内的电流简化为均匀分布的电流。

图 5.3 为空间中载有电流为 I、长度为 l 的直导线 AC 在点 $P(x,y,z)$ 产生的磁场示意图。图中 AC 为载流导线;坐标系为 $Oxyz$ 直角坐标系,并且 x 轴与导线 AC 平行;$P(x,y,z)$ 为空间中一点,点 P'' 是点 P 在 AC 上的垂足;平面 $AP''P'$ 平行于平面 xOz,点 P' 是点 P 在平面 $AP''P'$ 上的垂足。

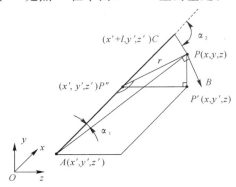

图 5.3　载流直导线在一点处产生的磁场强度

根据毕奥–沙伐定理可得, $P(x,y,z)$ 点处的磁感应强度大小为[128]:

$$B = \frac{\mu_0 I}{4\pi r}(\cos\alpha_1 - \cos\alpha_2) \tag{5.1}$$

式中: μ_0 为真空磁导率; I 为导线中的电流; α_1、α_2 为点 P 与载流导线两端点的连线与该导线的夹角, 如图 5.3 所示。由图 5.3 中的几何关系得

$$\left.\begin{array}{l} \cos\alpha_1 = \dfrac{x - x'}{\sqrt{r^2 + (x - x')^2}} \\[3mm] \cos\alpha_2 = \dfrac{x - x' - l}{\sqrt{r^2 + (l - x - x')^2}} \\[3mm] r = \sqrt{(z - z')^2 + (y - y')^2} \end{array}\right\} \tag{5.2}$$

从图 5.3 可以看出, 载流直导线 AC 在点 P 处产生的磁场强度方向如图 5.3 所示, 即 $\overrightarrow{AC} \times \overrightarrow{P''P}$ 的方向, 因此载流导线 AC 在点 P 处的磁场强度为

$$\boldsymbol{B} = \frac{\mu_0}{4\pi}(\cos\alpha_1 - \cos\alpha_2)\left(I\boldsymbol{e}_l \times \frac{\boldsymbol{e}_r}{r}\right) \tag{5.3}$$

式中: $\boldsymbol{e}_l$ 是向量 AC 的单位向量; $\boldsymbol{e}_r$ 是向量 $P''P$ 的单位向量。

图 5.4 为串联增强型电磁发射器模型, 其中, l_a 是主轨道载流长度, l 是副轨道载流长度, h 是轨道高度, w 是轨道截面的宽度, d 是主轨道与副轨道的距离, b 是发射器的口径, a 是电枢的厚度。

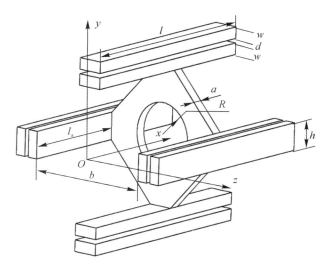

图 5.4　串联增强型电磁发射器示意图

将载流轨道看成是由无数根载流直导线组成的, 如图 5.5 所示。轨道的端

面为 yOz 平面,则坐标为 $(0, y', z')$ 的电流元为 $\dfrac{I}{hw}\mathrm{d}\sigma\boldsymbol{i} = \dfrac{I}{hw}\mathrm{d}y'\mathrm{d}z'\boldsymbol{i}$,其在点

$P(x, y, z)$ 处产生的磁场强度为

$$\mathrm{d}\boldsymbol{B} = \frac{\mu_0}{4\pi}(\cos\alpha_1 - \cos\alpha_2)\left(\frac{I}{hw}\mathrm{d}y'\mathrm{d}z'i \times \frac{\boldsymbol{e}_r}{r}\right) =$$

$$\frac{\mu_0 I}{4\pi hw}\frac{x}{\sqrt{(z-z')^2 + (y-y')^2 + x^2}}\left[\frac{-(z-z)\boldsymbol{j} + (y-y)\boldsymbol{k}}{(z-z')^2 + (y-y')^2}\right]\mathrm{d}y'\mathrm{d}z' -$$

$$\frac{\mu_0 I}{4\pi hw}\frac{x - l_a}{\sqrt{(z-z')^2 + (y-y')^2 + (l_a - x)^2}} \times$$

$$\left[\frac{-(z-z)\boldsymbol{j} + (y-y)\boldsymbol{k}}{(z-z')^2 + (y-y']^2}\right]\mathrm{d}y'\mathrm{d}z' \tag{5.4}$$

式中:$\boldsymbol{i}, \boldsymbol{j}, \boldsymbol{k}$ 分别是 x, y, z 轴的单位向量。

主轨道 1 在点 $P(x, y, z)$ 处产生的磁场强度为

$$\boldsymbol{B}_{m1} = \int_{-h/2}^{h/2}\int_{-b/2-w}^{-b/2}\frac{\mu_0}{4\pi}(\cos\alpha_1 - \cos\alpha_2)\left(\frac{I}{hw}\mathrm{d}y'\mathrm{d}z'\boldsymbol{i} \times \frac{\boldsymbol{e}_r}{r}\right) =$$

$$\int_{-h/2}^{h/2}\int_{-b/2-w}^{-b/2}\frac{\mu_0 I}{4\pi hw}\frac{x}{\sqrt{(z-z')^2 + (y-y')^2 + x^2}} \times$$

$$\frac{-(z-z')\boldsymbol{j} + (y-y')\boldsymbol{k}}{(z-z')^2 + (y-y')^2}\mathrm{d}y'\mathrm{d}z' -$$

$$\int_{-h/2}^{h/2}\int_{-b/2-w}^{-b/2}\frac{\mu_0 I}{4\pi hw}\frac{x - l_a}{\sqrt{(z-z')^2 + (y-y')^2 + (l_a - x)^2}} \times$$

$$\frac{-(z-z')\boldsymbol{j} + (y-y')\boldsymbol{k}}{(z-z')^2 + (y-y')^2}\mathrm{d}y'\mathrm{d}z' \tag{5.5}$$

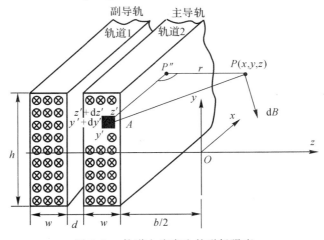

图 5.5　轨道电流产生的磁场强度

副轨道在点 $P(x,y,z)$ 处产生的磁场强度为

$$\boldsymbol{B}_{S1} = \int_{-h/2}^{h/2}\int_{-b/2-2w-d}^{-b/2-w-d} \frac{\mu_0}{4\pi}(\cos\alpha_1 - \cos\alpha_2)\left(\frac{I}{hw}\mathrm{d}y'\mathrm{d}z'\boldsymbol{i} \times \frac{\boldsymbol{e}_r}{r}\right) =$$

$$\int_{-h/2}^{h/2}\int_{-b/2-2w-d}^{-b/2-w-d} \frac{\mu_0 I}{4\pi hw} \frac{x}{\sqrt{(z-z')^2 + (y-y')^2 + x^2}} \times$$

$$\left[\frac{-(z-z')\boldsymbol{j} + (y-y')\boldsymbol{k}}{(z-z')^2 + (y-y')^2}\right]\mathrm{d}y'\mathrm{d}z' -$$

$$\int_{-h/2}^{h/2}\int_{-b/2-2w-d}^{-b/2-w-d} \frac{\mu_0 I}{4\pi hw} \frac{x-l}{\sqrt{(z-z')^2 + (y-y')^2 + (l-x)^2}} \times$$

$$\left[\frac{-(z-z')\boldsymbol{j} + (y-y')\boldsymbol{k}}{(z-z')^2 + (y-y')^2}\right]\mathrm{d}y'\mathrm{d}z' \tag{5.6}$$

值得注意的是，主轨道的载流长度为 l_a，即电枢的位置决定了主轨道的载流长度，而副轨道载流长度为 l，即为轨道的长度。

5.2.2　电枢受力分析

在分析电枢上的电磁推力时，需要分析电枢中电流的分布特性。与轨道相比，电枢的几何形状比较复杂，电流的分布也比较复杂，为了计算电磁推力，需要将电枢内的电流进行简化处理。图 5.6 为电磁仿真中电枢内的电流矢量分布图。从图 5.6 中可以看出，电枢中的电流密度分布比较均匀，因此在对电枢的受力分析中，认为电枢中的电流在一定厚度上是均匀分布的，并且根据电枢内电流的分布特点，将电枢电流简化为如图 5.7 所示。为了建模方便，将导弹加载区域简化为正方形区域。

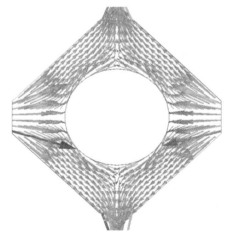

图 5.6　电枢电流分布

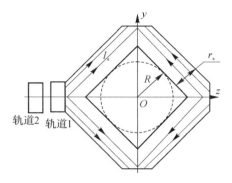

图 5.7　电枢电路简化模型

根据几何关系可得

$$r_a = \frac{\sqrt{2}}{4}(b+h) - R \tag{5.7}$$

图 5.7 中,电枢内各个象限的电流微元向量表示为:

$$第一象限 \quad \mathrm{d}\boldsymbol{I}_1 = \frac{I_a}{ar_a}\left(0, \frac{\sqrt{2}}{2}, -\frac{\sqrt{2}}{2}\right)\mathrm{d}x\mathrm{d}y\mathrm{d}z$$

$$第二象限 \quad \mathrm{d}\boldsymbol{I}_2 = \frac{I_a}{ar_a}\left(0, \frac{\sqrt{2}}{2}, \frac{\sqrt{2}}{2}\right)\mathrm{d}x\mathrm{d}y\mathrm{d}z$$

$$第三象限 \quad \mathrm{d}\boldsymbol{I}_3 = \frac{I_a}{ar_a}\left(0, -\frac{\sqrt{2}}{2}, \frac{\sqrt{2}}{2}\right)\mathrm{d}x\mathrm{d}y\mathrm{d}z$$

$$第四象限 \quad \mathrm{d}\boldsymbol{I}_4 = \frac{I_a}{ar_a}\left(0, -\frac{\sqrt{2}}{2}, -\frac{\sqrt{2}}{2}\right)\mathrm{d}x\mathrm{d}y\mathrm{d}z \tag{5.8}$$

其中,$I_a = I/2$。

　　计算轨道 1(主轨道)对电枢产生的电磁推力时,对第一、二象限区域产生的电磁推力与对第三、四象限区域产生的电磁推力相等。因此,只须计算轨道 1 对电枢一、二象限区域产生的电磁推力。

　　第一象限:

$$\boldsymbol{F}_{1-1} = \iiint \frac{I_a}{ar_a}\left(0, \frac{\sqrt{2}}{2}, -\frac{\sqrt{2}}{2}\right) \times \boldsymbol{B}_{m1}\, \mathrm{d}x\mathrm{d}y\mathrm{d}z =$$

$$\int_{l_a}^{l_a+a}\mathrm{d}x\int_0^{b/2}\mathrm{d}y\int_0^{b/2}\frac{I_a}{ar_a}\left(0, \frac{\sqrt{2}}{2}, -\frac{\sqrt{2}}{2}\right) \times \boldsymbol{B}_{m1}\,\mathrm{d}z -$$

$$\int_{l_a}^{l_a+a}\mathrm{d}x\int_0^{\sqrt{2}R}\mathrm{d}y\int_0^{-y+\sqrt{2}R}\frac{I_a}{ar_a}\left(0, \frac{\sqrt{2}}{2}, -\frac{\sqrt{2}}{2}\right) \times \boldsymbol{B}_{m1}\,\mathrm{d}z -$$

$$\int_{l_a}^{l_a+a}\mathrm{d}x\int_{h/2}^{b/2}\mathrm{d}y\int_{-y+(h+b)/2}^{b/2}\frac{I_a}{ar_a}\left(0, \frac{\sqrt{2}}{2}, -\frac{\sqrt{2}}{2}\right) \times \boldsymbol{B}_{m1}\,\mathrm{d}z \tag{5.9}$$

第二象限：

$$\boldsymbol{F}_{1-2} = \iiint \frac{I_a}{ar_a}\left(0, \frac{\sqrt{2}}{2}, \frac{\sqrt{2}}{2}\right) \times \boldsymbol{B}_{m1}\, dx\, dy\, dz =$$

$$\int_{l_a}^{l_a+a} dx \int_0^{b/2} dy \int_{-b/2}^{0} \frac{I_a}{ar_a}\left(0, \frac{\sqrt{2}}{2}, \frac{\sqrt{2}}{2}\right) \times \boldsymbol{B}_{m1}\, dz -$$

$$\int_{l_a}^{l_a+a} dx \int_0^{\sqrt{2}R} dy \int_0^{y-\sqrt{2}R} \frac{I_a}{ar_a}\left(0, \frac{\sqrt{2}}{2}, \frac{\sqrt{2}}{2}\right) \times \boldsymbol{B}_{m1}\, dz -$$

$$\int_{l_a}^{l_a+a} dx \int_{h/2}^{b/2} dy \int_{-b/2}^{y-(h+b)/2} \frac{I_a}{ar_a}\left(0, \frac{\sqrt{2}}{2}, \frac{\sqrt{2}}{2}\right) \times \boldsymbol{B}_{m1}\, dz \tag{5.10}$$

$\boldsymbol{B}_{m1}$ 的计算如式（5.5）所示。根据向量积的运算规律，$\boldsymbol{F}_{1-1}$ 和 $\boldsymbol{F}_{1-2}$ 向量的方向与向量 $\boldsymbol{i}$ 方向相同，该方向也是电枢运动的方向。

轨道 1 对电枢产生的电磁推力为

$$\boldsymbol{F}_1 = 2(\boldsymbol{F}_{1-1} + \boldsymbol{F}_{1-2}) \tag{5.11}$$

同理，图 5.7 中轨道 2（副轨道）产生的对电枢的电磁推力为

$$\boldsymbol{F}_2 = 2(\boldsymbol{F}_{2-1} + \boldsymbol{F}_{2-2}) \tag{5.12}$$

其中，

$$\boldsymbol{F}_{2-1} = \iiint \frac{I_a}{ar_a}\left(0, \frac{\sqrt{2}}{2}, -\frac{\sqrt{2}}{2}\right) \times \boldsymbol{B}_{s1}\, dx\, dy\, dz =$$

$$\int_{l_a}^{l_a+a} dx \int_0^{b/2} dy \int_0^{b/2} \frac{I_a}{ar_a}\left(0, \frac{\sqrt{2}}{2}, -\frac{\sqrt{2}}{2}\right) \times \boldsymbol{B}_{s1}\, dz -$$

$$\int_{l_a}^{l_a+a} dx \int_0^{\sqrt{2}R} dy \int_0^{-y+\sqrt{2}R} \frac{I_a}{ar_a}\left(0, \frac{\sqrt{2}}{2}, -\frac{\sqrt{2}}{2}\right) \times \boldsymbol{B}_{s1}\, dz -$$

$$\int_{l_a}^{l_a+a} dx \int_{h/2}^{b/2} dy \int_{-y+(h+b)/2}^{b/2} \frac{I_a}{ar_a}\left(0, \frac{\sqrt{2}}{2}, -\frac{\sqrt{2}}{2}\right) \times \boldsymbol{B}_{s1}\, dz \tag{5.13}$$

$$\boldsymbol{F}_{2-2} = \iiint \frac{I_a}{ar_a}\left(0, \frac{\sqrt{2}}{2}, \frac{\sqrt{2}}{2}\right) \times \boldsymbol{B}_{s1}\, dx\, dy\, dz =$$

$$\int_{l_a}^{l_a+a} dx \int_0^{b/2} dy \int_{-b/2}^{0} \frac{I_a}{ar_a}\left(0, \frac{\sqrt{2}}{2}, \frac{\sqrt{2}}{2}\right) \times \boldsymbol{B}_{s1}\, dz -$$

$$\int_{l_a}^{l_a+a} dx \int_0^{\sqrt{2}R} dy \int_0^{y-\sqrt{2}R} \frac{I_a}{ar_a}\left(0, \frac{\sqrt{2}}{2}, \frac{\sqrt{2}}{2}\right) \times \boldsymbol{B}_{s1}\, dz -$$

$$\int_{l_a}^{l_a+a} dx \int_{h/2}^{b/2} dy \int_{-b/2}^{y-(h+b)/2} \frac{I_a}{ar_a}\left(0, \frac{\sqrt{2}}{2}, \frac{\sqrt{2}}{2}\right) \times \boldsymbol{B}_{s1}\, dz \tag{5.14}$$

则电枢上的电磁推力为所有主轨道和副轨道对电枢的电磁推力之和，即

$$F_{EM} = 4(\boldsymbol{F}_1 + \boldsymbol{F}_2) = K_F I^2 \tag{5.15}$$

式中：K_F 是轨道发射器的电磁力系数。

5.3 串联增强型发射器电磁推力分析

由于增强型发射器的电磁推力计算公式是一个复杂的多重积分的形式,无法求出关于电磁推力的解析解。为了分析串联增强型轨道式电磁发射器的电磁推力,本节使用 MATLAB 软件计算电磁推力的数值解。表 5.1 所示为发射器的结构参数,图 5.8 为发射器的结构参数对电磁推力的影响。

表 5.1　发射器结构参数表

l/mm	l_a/mm	b/mm	h/mm	w/mm
3 000	1 500	600	100	50
R/mm	a/mm	d/mm	I/kA	$\mu_0/(\mathrm{H \cdot m^{-1}})$
150	50	20	100	$4\pi \times 10^{-7}$

图 5.8(a)为电枢处于不同位置时主轨道、副轨道对电枢产生的电磁推力和发射器总电磁推力曲线。从图中可以看出,与非增强型四轨道电磁发射器相比,增强型四极轨道电磁发射器的电磁推力增加约 1.5 倍。其中,主轨道产生的电磁推力随着电枢位置的增大而增大,这是因为主轨道载流长度受到电枢位置的影响。电枢离主轨道端面越远,则主轨道的载流长度越大,产生的电磁推力越大。当电枢位于约 1.2 m 处时,主轨道产生的电磁推力达到最大值,即电枢在两倍口径处产生的电磁推力就达到最大值,这与传统的两轨道电磁发射器的"四倍口径法"不同。由于在发射过程中副轨道载流长度不受电枢位置的影响,由副轨道产生的电磁推力在 $x=0$ m 处时并不为 0 N。而且副轨道产生的电磁推力与电枢的位置存在对称的规律。当电枢位于发射器的中间位置时,副轨道产生的电磁推力较大,当电枢位于发射器的两端时,副轨道产生的电磁推力较小。

发射时,一般要求电磁推力达到某一值时开始解锁发射体。从图 5.8(a)中可以看出,增强型四轨道电磁发射器电枢安装的位置比传统的四轨道发射器低,从而增加了发射体加速的距离。

图 5.8(b)为副轨道产生电磁推力随主、副轨道的距离 d 的变化曲线。从图中可以看出,随着主、副轨道的距离增大,副轨道产生的电磁推力不断减小,而且距离 d 越小时,电磁推力减小得越快。由图 5.8(b)曲线可得副轨道产生的电磁推力关于距离 d 的函数 $F = f(d)$。因此,发射器轨道的层数 n 由以下公式

确定:

$$F_a = F_m + \sum_{i=1}^{n} f(d_i) \tag{5.16}$$

式中:F_a 是预设发射器的电磁推力;F_m 为主轨道产生的电磁推力;d_i 为第 i 层副轨道与主轨道的距离。

如图 5.8(c)所示,随着轨道高度 h 的增大,主轨道和副轨道产生的电磁推力减小,减小的程度相同并且较小。

如图 5.8(d)所示,轨道宽度越小,轨道产生的电磁推力越大,随着轨道宽度的增大,电磁推力逐渐减小,当轨道宽度增大到 100mm 时,主轨道与副轨道产生的电磁推力相同。当轨道宽度减小时,轨道内部电流密度增大,使电枢附近的磁场强度增大,因此电磁推力变大。

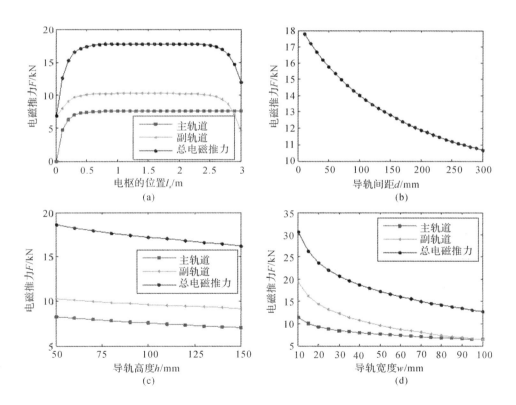

图 5.8　电枢电磁推力

(a)电枢位置 l_a 变化;　(b)主副轨道距离 d 变化;

(c)轨道截面高度 h 变化;　(d)轨道截面宽度 w 变化

5.4 小 结

本章以毕奥-沙伐定理为理论基础,推导出串联增强型四轨道电磁发射器电枢受力的表达式,并分析了增强型四轨道电磁发射器结构参数对电磁推力的影响。研究结果表明:与非增强型四轨道电磁发射器相比,增强型电磁发射器的电磁推力增大 1.5 倍左右,并具有更好的启动推力特性。增强型电磁发射器的电磁推力随着主副轨道距离、轨道高度、轨道宽度的增大而减小。本章的研究内容为增强型四轨道电磁发射器结构设计提供了理论基础。

第6章　增强型四轨道电磁发射器
电磁特性分析

对于发射制导弹,轨道式电磁发射器除了须提供足够的电磁推力以外,还要满足磁场环境的要求,以消除或者减小发射器内部的强磁场环境对制导弹的影响。本章寻求建立非增强型和增强型四轨道电磁发射器的电磁仿真模型,对两种四轨道发射器的电流密度分布特性、磁场分布特性和电磁力分布特性进行仿真研究。

6.1　增强型四轨道电磁发射器有限元模型

6.1.1　有限元模型分析

本章的研究内容是电磁发射器内部磁场、电流和电磁力的分布特性,因此在对四轨道电磁发射器进行有限元建模时,只对轨道、电枢和周围包覆的空气区域进行建模,不对轨道的紧固装置建模。在实际发射的过程中,存在着轨道和电枢的变形,本章只研究发射器的电磁特性,考虑到电枢、轨道的微小形变对发射器内部的磁场分布特性和电流分布特性影响很小,因此在对轨道和电枢建模时只使用电磁仿真单元,不考虑电枢、轨道的变形对电磁特性的影响。

电磁场有限元分析分为基于单元的棱边单元法和基于节点的分析法。理论上,当模型中存在不均匀介质时,采用基于节点的连续矢量位 A 进行有限元计算时会得到不精确的解,而棱边单元方法可以消除这种理论上的缺点。在棱边单元法中,自由度只与单元的棱边有关而与单元的节点无关。该方法典型的单元为 SOLID117 单元。基于节点的分析方法又分为磁标量位方法(MSP)和磁矢量位方法(MVP)。磁标量位方法用于分析大多数的 3D 静态模型,该方法的单元中的磁位自由度只有一个,即 MAG 自由度。磁矢量位方法可以求解 3D 静态、时谐和瞬态的电磁场分析。在 3D 模型分析中,矢量位方法中单元的每个节点在 X、Y、Z 方向上分别具有磁矢量位自由度 A_x、A_y、A_z。在载压或者载流的情况下还会引入以下自由度:电流(CURR)、电压降(EMF)和电压(VOLT)。

考虑到四轨道电磁发射器模型的轨道是在空间中布置的,对发射器进行建模时只能选择建立 3D 模型,而且模型中的电流流动的方向并不是单一的,模型中也不存在铁磁区和非均匀铁磁材料,因此对发射器建模时选择基于磁矢量位的 3D 瞬态模型。

有限元模型建立的步骤如下:

(1)选择合适的单元并设置材料属性;

(2)创建发射器的 3D 模型、赋予材料属性、划分网格;

(3)设置边界条件和添加脉冲电流激励;

(4)求解设置;

(5)求解并进行后处理。

6.1.2 创建电磁环境

对四轨道电磁发射器进行建模选用的几何尺寸见表 6.1。表中参数意义如图 5.4 所示,发射器周围的空气范围为 1 200 mm×1 200 mm×2 500 mm。

表 6.1 　发射器有限元模型参数　　　　单位:mm

l	l_n	b	h	w	R	a	d
1 500	1 000	600	100	50	150	50	20

有限元模型使用的单元类型为 SOLID97,该单元共有 8 个节点,每个节点共有 6 个自由度,其中的 3 个自由度是磁矢量自由度 A_X、A_Y、A_Z,其他的自由度可根据欲求解的物理量来选择。SOLID97 单元的六面体网格及节点分布如图6.1 所示。

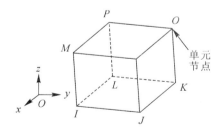

图 6.1 　SILID97 单元的六面体网格

远场边界使用 INFIN111 单元,为保证数据在 SOLID97 网格和 INFIN111 网格间传递的连续性,设置 INFIN111 单位为 8 节点,节点自由度设置为磁矢量自由度。

材料特性参数如表 6.2 所示。

表 6.2　材料参数表

	铜	铝	空气
电阻率/$(\Omega \cdot m^{-1})$	2.9×10^{-8}	1.7×10^{-8}	无穷大
相对磁导率	1.000 022	0.999 0	1

6.1.3　划分网格

由于该轨道式电磁发射器的空间结构比较复杂,在选择网格类型时采用六面体网格。因为六面体网格和四面体网格在求解精度上没有区别而且相同体积下采用六面体网格时单元数量更少,使得计算速度更快。

网格划分的方法有很多种,可以先创建整个三维模型,再进行三维网格划分,也可以通过拉伸二维网格的方式划分三维网格。而且只要二维网格为四边形网格时,通过拉伸就可以得到六面体网格。本章的有限元模型就采用拉伸的方式划分六面体网格。

在进行瞬态分析时,电流在轨道内部会产生趋肤效应,即在很短的时间内,电流无法均匀扩散到轨道内部,主要集中在轨道表面的薄层。为了准确获得轨道内的电路分布情况,需要对轨道表面的网格进行加密处理。在对轨道进行网格划分时,采用比例因子的方法处理,使轨道的网格由内部向四周过渡加密,如图 6.2 所示。

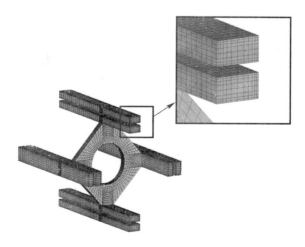

图 6.2　轨道网格加密处理

为了划分六面体网格,在进行三维模型创建时,将发射器模型沿着轨道方向投影,再对投影后的二维图形划分四边形网格,如图 6.3 所示,最后进行 2D 网格的拉伸。

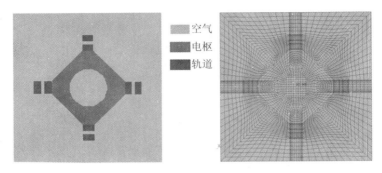

图 6.3 2D 网格

图 6.4 为整个模型的网格,其中共有 318 783 个六面体单元,351 381 个节点。其中电枢、轨道内的电流密度分布和它们周围的电磁特性是本章研究的重点,因此需要对这些部分的有限元网格进行细化。如图 6.5 所示,对轨道和电枢位置的网格进行了明显的细化处理,将电枢的网格划分为 10 层。

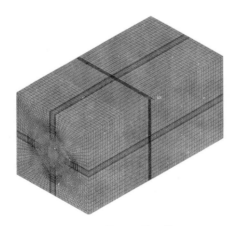

图 6.4 模型整体网格

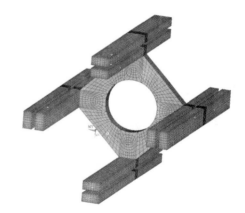

图 6.5 电枢和轨道网格

6.1.4 设置边界条件和施加激励

为四轨道电磁发射器有限元模型设置边界条件,就是设置最外侧空气面上的磁矢量方向。当模型采用磁矢量位方法时,设置边界磁矢量方向的类型主要有磁力线平行、磁力线垂直,边界为远场边界,磁矢量为 $\mathbf{0}(A_x = A_y = A_z = 0)$;周期性变化的边界,设置边界磁矢量为某一值。由于电磁发射器内磁场环境比较复杂,无法确定外侧边界上磁矢量是平行于边界还是垂直于边界。采用远场边界的方法时,不用特意设置边界处的磁矢量方向和大小,而且还能得到更准确的解。采用远场边界的方法就是将边界层的空气网格设置为远场单元。有时为了提高计算的准确度,会增加模型外侧空气层的范围,这样虽然能得到更准确的解,但是会大大增加求解的时间,而使用远场单元可以减少外围空气单元的数量。

载荷的种类有阶跃式载荷(Stepped Load)和斜坡式载荷(Ramped Load)两种。施加的脉冲电流如图 6.6 所示,根据脉冲电流的波形采用斜坡式的加载方式。在施加电流激励时需要进行多载荷步施加,在电流波形的拐点处应该定义一个新的载荷步,这样施加在轨道上的电流激励才能和图中的一样。依据图 6.6 的电流波形,需要施加 3 个载荷步的脉冲电流,分别是 $0 \sim t_1$、$t_1 \sim t_2$、$t_2 \sim t_3$。

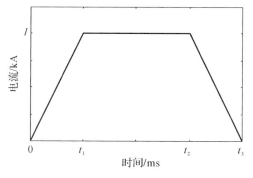

图 6.6 脉冲电流示意图

对于多载荷步的求解问题,有多重求解法和使用载荷步文件法。多重求解法就是每当上一载荷步求解完毕后,再施加下一个载荷求解,这种方法效率比较低;而使用载荷步文件法时,一次性将所有载荷输入到某个文件,通过相应的命令顺序读取载荷步文件并进行求解,可以提高工作效率。

通过对轨道式电磁发射器有限元模型进行仿真,可得到模型中各个节点的 X、Y、Z 三个方向的磁矢量,每个节点的电磁力以及电枢、轨道上的电流分布等信息。

6.2　电流密度分布

电流密度分布是轨道式电磁发射器重要的电磁特性之一。轨道的电流密度分布影响了电磁发射器内部磁场强度的分布,反映了发射过程中轨道内热源的分布。研究轨道的电流密度分布对延长轨道的使用寿命有着重要作用。

为了研究分析轨道内的电流分布,分别对非增强型和增强型的四轨道电磁发射器进行研究。如图 6.7 所示,对于非增强型四轨道电磁发射器,只研究图中轨道♯1 的电流密度分布特性,对于增强型四轨道电磁发射器,研究轨道♯1 和轨道♯2 的电流密度分布特性。其中,发射器的参数参照表 6.1,本章所有的电磁仿真电流 $I = 200$ kA。

图 6.8 分别为非增强型和增强型轨道式电磁发射器的轨道内的电流密度分布。从图中可以看出,两种轨道式电磁发射器的轨道内表现出了明显的电流趋肤效应。其中,当轨道为一层时,电流主要集中在轨道的四个表面处,而中间大部分区域的电流密度变得很小,电流分布呈"O"形分布,而且靠近电枢的一侧的电流层较宽,电流密度的最大值集中在靠近电枢的拐角处。

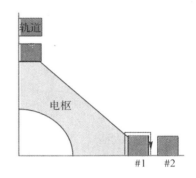

图 6.7 轨道位置示意图

当增加一层副轨道时,轨道内的电流密度分布发生了变化。由于轨道之间的相互作用,两层轨道相邻两个侧面处的电流密度减小,电流分布呈"C"形分布,电流密度的最大值同样出现在靠近电枢一侧的拐角处。

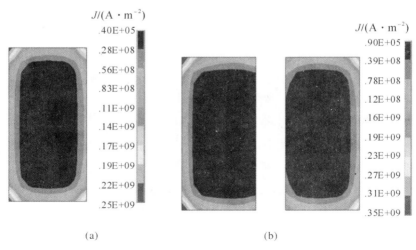

(a)   (b)

图 6.8 轨道电流密度分布

(a)非增强型; (b)增强型

图 6.9 为环轨道表面(见图 6.7)电流密度分布曲线,从图中可以看出,当轨道只有一层时(非增强型),除了电枢拐角处电流集中外,轨道表面的电流密度比较均匀,而且两个拐角的电流密度相差不大。当电枢为两层时(增强型),可以看出轨道表面的电流密度分布非常不均匀,并且在轨道的两个拐角处的电流密度相差很大,拐角 1 处的电流密度是拐角 2 处的 4 倍左右,这是由主轨道和副轨道之间相互作用,产生临近效应造成的。

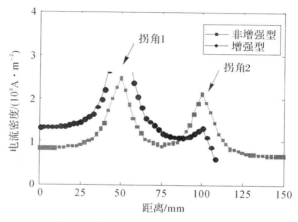

图 6.9　轨道表面电流密度分布曲线

图 6.10 为电枢电流密度分布图。从图中可以看出,非增强型和增强型四轨道电磁发射器电枢有着相似的电流密度分布。电流密度最大值集中在电枢的拐角处,这是由于电流在轨道上对应的位置发生了集中。电枢上的电流主要集中在电枢的四周,这是由电流的最短路径决定的。

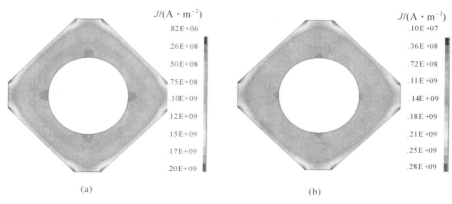

图 6.10　电枢表面电流密度分布
(a)非增强型；　(b)增强型

6.3　磁场强度分布特性分析

　　图 6.11 为轨道式电磁发射器对称面上的电磁强度分布云图。从图中可以看出,两种发射器的主要磁场强度集中在电枢的下方区域。当轨道只有一层时,电枢的上方区域几乎没有磁场存在,这是因为非增强型发射器的轨道在电枢上方没有电流流过。而当轨道为两层时,副轨道由于全长度载流,因此在电枢的上方区域靠近轨道的位置也出现了磁场分布,但是强度比电枢下方的磁场强度小很多。同时,由于增加了一层轨道,主副轨道产生的磁场在电枢下方叠加,使电枢下方的磁场强度增大。

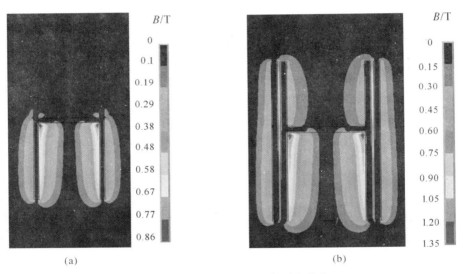

图 6.11　发射器对称面磁场强度分布
(a)非增强型;　(b)增强型

　　图 6.12 为电枢底面的磁场强度分布云图。从图中可以看出,两种发射器的电枢底面的磁场强度分布相似。磁场强度加大的区域主要集中在电枢的四周,中间位置同样形成了一个较大的磁场屏蔽的区域。

　　如图 6.12(a)所示,图中细线为电枢底面上的一个路径,定为 L1。将位于电枢下方 500 mm 处与 L1 平行的线定为 L2,将位于电枢上表面与 L1 平行的线定为 L3,将与 L3 相距 500 mm 的线定为 L4,四条线的位置关系如图 6.13 所示。

　　对四条路径上的磁场强度进行研究。图 6.14 为各个路径上的磁场强度分布曲线。从图中可以看出,对于非增强型四轨道电磁发射器,路径上[150 mm,

450 mm]范围的磁场强度都在 0～0.18T 的范围内,而增强型四轨道电磁发射器上相同磁场强度时的路径范围则为[200 mm,400 mm],磁场屏蔽的范围有所减小。因此,可以采用增大发射器口径的方法来增大磁场屏蔽的范围。

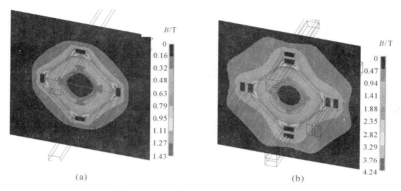

图 6.12　电枢底面磁场强度分布

(a)非增强型；　(b)增强型

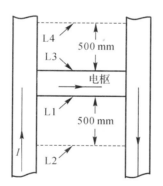

图 6.13　线 L1、L2、L3、L4 位置关系示意图

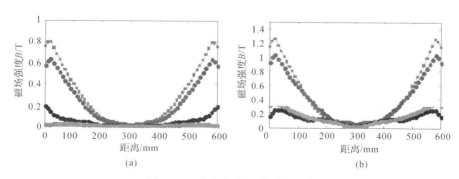

图 6.14　各个路径上的磁场强度

(a)非增强型；　(b)增强型

6.4 电磁力分布特性

研究发射器轨道上电磁力的分布情况,对分析发射器发射的稳定性、轨道的受力以及发射过程中的形变问题都有着重要的意义。在电磁发射过程中,轨道受到的力很复杂,主要有电磁力、电枢摩擦力、电枢压力和紧固件的支持力,本节主要研究轨道受到的电磁力。在磁矢量位的仿真模型中,模型的电磁力储存在每个单元的节点中。轨道单元节点的电磁力分布情况反映了轨道上的电磁力分布。在本章的模型中,每个轨道共有 5 760 个单元,共有 7 137 个节点,如图6.15所示。

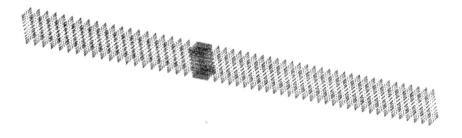

图 6.15 某一轨道的节点

图 6.16 为发射器电枢轨道模型,选择轨道♯5 和轨道♯6 作为研究对象,对于非增强型四轨道发射器,则选择与轨道♯5 位置相同的轨道作为研究对象。

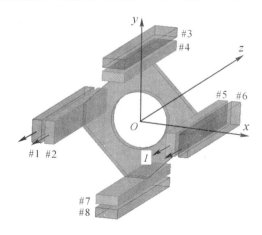

图 6.16 电枢轨道模型

　　图 6.17 为非增强型发射器轨道上电磁力分布云图。云图中图例范围的设置是为了更好地区分云图中电磁力的正负,图中相同颜色的区域表示在该区域内的节点受到的电磁力在同一个图例所示的范围内。云图中电磁力的正负参考图 6.16 中的坐标系。从图中可以看出,轨道上的 x 方向的电磁力主要集中在轨道载流段上。轨道表面磁场方向不同和轨道中电流的"O"形分布,导致轨道中的电磁力在 x 方向上分成两层。其中靠近电枢一侧的 x 方向电磁力方向为正,远离电枢一侧的 x 方向电磁力方向为负。y 方向的电磁力呈对称分布,而 z 方向的电磁力只在电枢与轨道接触的位置分布,这是因为在电枢与轨道接触的位置,电流的方向发生变化,产生了 z 方向的电磁力。

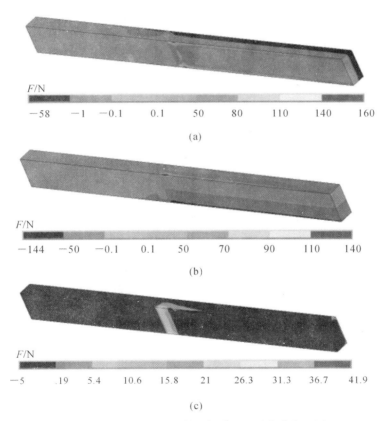

图 6.17　非增强型发射器轨道上电磁力分布云图
(a)x 方向;　(b) y 方向;　(c)z 方向

　　图 6.18 为增强型发射器轨道上电磁力分布云图。从图中可以看出,轨道上的 x 方向的电磁力主要集中在轨道载流段上。由于电流在主轨道上呈"C"形分

布,产生 x 方向的电磁力的电流只存在于靠近电枢方向的电流集中层。从图 6.18(a)中可以看出,x 方向的电磁力主要集中在靠近电枢的一侧,并且集中区域与电流集中区域相同。副轨道的电磁力分布在整个副轨道上,主要集中在远离电枢的一侧,同样与副轨道的电流集中区相同。y 方向的电磁力分布呈现明显的分层现象,电磁力主要集中在主副轨道的上、下侧面,与电流集中区域相同。z 方向电磁力只出现在电枢与轨道接触的区域,这主要是因为当电流从电枢流入轨道时,电流的流动方向发生变化,产生了 z 方向的电磁力。

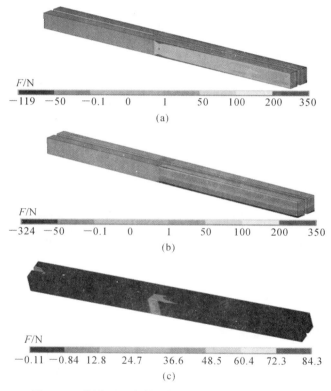

图 6.18 非增强型发射器轨道上电磁力分布云图
(a)x 方向; (b) y 方向; (c)z 方向

　　计算出轨道每个微元段上所有节点的 F_x 的和,得到 F_x 在轨道长度方向的分布情况。图 6.19 为 F_x 在轨道上的分布曲线。从图中可以看出,主轨道和非增强型发射器轨道的电磁力从轨道端面到电枢-轨道接触区逐渐增大,并且在电枢-轨道接触位置电磁推力突然增大,而在轨道非载流部位几乎没有电磁推力的出现。由于副轨道全长度载流,因此电磁力出现在副轨道的整个轨道上,而且在电枢两侧的长度上电磁力 F_x 表现出不同的方向。在电枢的下方,电磁力方向为 $-x$ 方向;在电枢的上方,电磁力方向为 $+x$ 的方向,这与副轨道所处的磁场方向有关。

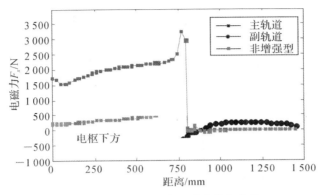

图 6.19　轨道 x 方向电磁力分布曲线

通过计算得到发射器轨道♯5 和♯6(非增强型则为轨道♯5)受到的电磁力总和,如表 6.3 所示。从表中可以看出,增强型发射器的轨道受到的电磁力相比非增强型要大很多,同时可以看出,主副轨道上的电磁力方向相反,因此主副轨道之间可以相互抵消一部分电磁力,但是抵消后的电磁力仍然要比非增强型的大很多。

表 6.3　发射器轨道上的电磁力　　　　　　单位:N

		F_x	F_y	F_z
非增强型(♯5)		13 170	0	392
增强型	主轨道(♯5)	63 522	0	737
	副轨道(♯6)	$-15\ 018$	0	-18

同样,通过分析电枢网格节点上的电磁力的方法研究电枢中电磁力的分布。其中电枢划分六面体网格 6 480 个,节点共 8 052 个。图 6.20 为电枢电磁推力分布云图。从图中可以看出,电枢内电磁推力分布与电流分布相同,电磁力集中分布在电枢四周边缘区域。在厚度方向上,电枢电磁推力分布出现明显的分层现象。

根据电枢网格划分情况,通过计算电枢每层网格中的电磁力来研究在厚度方向上电枢电磁力的分布情况。电枢的网格划分如图 6.21(a)所示,电枢网格共划分 10 层,其中第 1 层网格为电枢底部网格,第 10 层网格为电枢顶部网格。

图 6.21(b)为某一层网格,图 6.21(a)中的坐标系与图 6.16 相同,+z 方向为电枢运动方向,本节中研究的电磁推力即为 z 方向的电磁力。

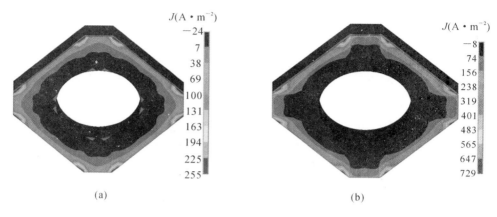

图 6.20 电枢电磁力分布云图

(a)非增强型; (b)增强型

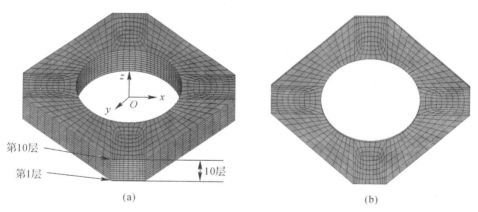

图 6.21 电枢网格

(a)电枢网格; (b)电枢某一层网格

图 6.22 为非增强型和增强型发射器电枢每层网格上的电磁力变化曲线。从图中可以看出,两种类型的发射器的电磁推力集中分布在第 1 层网格中,第 1 层网格中的电磁推力占 90% 以上。两种发射器的电枢从第 2 层到第 10 层的网格中的电磁推力大小差别很小。经过计算,非增强型发射器电枢上受到的总电磁推力为 28 710 N,增强型发射器电枢上的电磁推力为 63 853 N,采用第 2 章中的方法计算出的电磁推力分别是 25 265 N 和 59 424 N,误差在可以接受的范围

内,其中误差主要来自于对电枢和轨道内电流分布的均匀化假设。

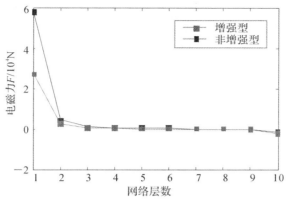

图 6.22　电枢每层网格电磁力

6.5　小　　结

　　本章建立了串联增强型四轨道电磁发射器电磁仿真有限元模型,对比分析了非增强型和增强型四轨道式电磁发射器的电流密度、磁场强度和轨道电磁力分布特性。结果表明:非增强型和增强型四轨道电磁发射器的轨道内电流均出现趋肤效应,电流密度分布分别呈"O"形和"C"形;增强型电磁发射器同样具有较大的电磁屏蔽区域,而且电枢位置磁场强度明显增大;增强型电磁发射器主轨道的电磁力明显大于非增强型。

第7章　增强型四轨道电磁
发射器优化设计

受发射能源的限制,追求更高的发射效率和更高的电感梯度一直是轨道式电磁发射技术不变的主题[129-130]。为了进一步增强四轨道式电磁发射器的推力,降低驱动电流的量级,改善发射过程中导轨内部的电流分布,提高四轨道电磁发射器的发射效率,减小电源体积,更好地满足实际需求,本章对四轨道电磁发射器结构进行了优化设计,提出了整体式和分散式增强型四轨道电磁发射器模型,并分别从导轨内部电流分布、发射轨道受力、发射器推力、发射效率等方面对其展开研究。

7.1　整体增强型四轨道电磁发射器模型

7.1.1　物理建模

在电容器设计中,为防止电容器板的电荷密度过于集中,通常在电容器板的周围加一保护环导体。鉴于平行导体电流分布与平行板电容器的电荷分布的相似性,同样可采用添加保护板的方式来改善导轨内部的电流分布[131]。同时,保护板内电流也在发射区域内产生磁场,对发射区域的磁场起到增强作用,从而可以增大发射器的推力。

如图 7.1 所示,整体增强型四轨道电磁发射器的导轨模型由导轨、绝缘层和保护板组成,导轨与保护板内通以相同方向的电流,以增强整个发射区域的磁场分布。为降低发射过程中焦耳热损失,保护板采用导电性能良好的材料;绝缘层则采用散热性能良好的材料以提高导轨散热。

根据图 7.1 所示单根导轨的结构设计,整体增强型四轨道电磁发射器物理模型如图 7.2 所示。导轨的配置及各导轨的电流流向与四轨道电磁发射器的基础模型保持一致,各导轨外围增加一个与导轨等长的保护板,保护板内通以与相邻导轨内方向一致的电流,用来改善导轨内电流分布及增强发射区域内磁场。导轨与保护板均可采用独立电源,从而满足发射过程中对电源能量的需求。

　　为验证整体增强型四轨道电磁发射器相对其基本型的优化作用，以下将从导轨内电流分布、发射器推力、导轨受力及保护板受力四个方面对其进行详细分析。

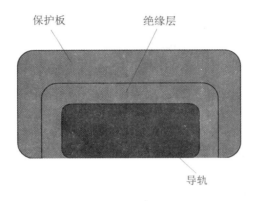

图 7.1　保护板与导轨装配截面示意图

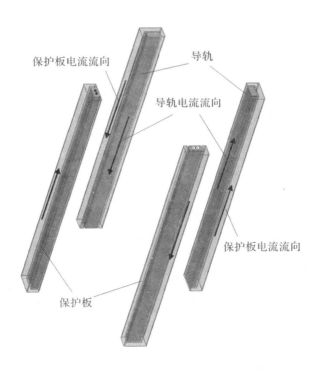

图 7.2　整体增强型四轨道电磁发射器物理模型

7.1.2 导轨内电流分布的优化效果

为了全面研究保护板对导轨内电流分布的影响,首先选取中间段通电导轨某一横截面电流为研究对象,探究保护板对导轨内电流邻近效应的缓释作用;然后以电枢接触处导轨横截面电流为研究对象,分析保护板对电枢与导轨接触处电流分布的影响。仍以 100 kA 电流作为导轨和保护板输入电流,采取图 3.1 所示的计算路径,在保护板作用下,导轨各段的电流分布如图 7.3 和 7.4 所示。

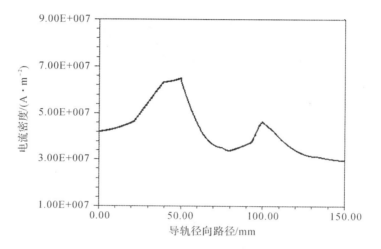

图 7.3   中段导轨横截面电流分布

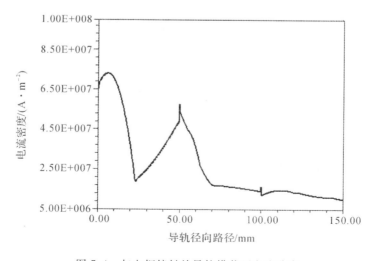

图 7.4   与电枢接触处导轨横截面电流分布

由图 7.3 可以看出,虽然导轨内拐角($S=50$ mm)处仍有较大的峰值电流密度,但两相邻导轨表面电流的电流密度已大为降低,其平均值甚至已低于导轨内表面电流;导轨外拐角处的电流密度也大为降低。由此可见,保护板对导轨内电流分布影响明显,起到了改善导轨电流分布的作用。

由图 7.4 可以看出,受电流集中通过电枢与导轨接触面的影响,与电枢接触处导轨内表面电流密度依然较大,但相比于无任何措施时其密集区域较窄;内拐角处存在峰值,但其值较小,可见保护板对电枢与导轨接触处的电流分布亦有一定的改善作用。

7.1.3　发射器推力的优化效果

在输入电流及其他参数条件不变的情况下,对整体增强型导弹四极场轨道式电磁发射器的电磁推力进行有限元计算,其结果如表 7.1 所示。为了更清晰地体现整体增强型的优化效果,导弹四极场轨道式电磁发射器基本型的推力也展现于表 7.1 中,以作对比分析。

表 7.1　整体增强型四轨道电磁发射器与其基本型推力对比　单位:N

	F_x	F_y	F_z	F
整体增强型推力	-5.9	-1.65	25 813	25 813
基本型推力	0.18	2.37	11 004	11 004

由表 7.1 可以看出,在同等输入电流量级的情况下,相比于四轨道电磁发射器的基本型,整体增强型发射器能提供 2 倍以上的电磁推力。由此可以得出,保护板的作用并不只是类似于两个同等量级的发射器的简单叠加,它更是对发射器的电感梯度进行了改善,使得发射推力较没有保护板情况大了约 2 倍。因此,整体增强型四轨道电磁发射器的推力相对其基本型有较大改进。

7.1.4　导轨受力及保护板受力分析

发射区域磁场增强时,电枢所受推力增大,但同时导轨受力也会增加,从而影响导轨发射性能和使用寿命。此外,保护板的引入也会增加系统复杂性和稳定性,必须对其进行分析。

表 7.2 给出了整体增强型四轨道电磁发射器中导轨所受电磁力的平均值和保护板所受电磁力的平均值。相比于四轨道电磁发射器基本型中导轨受力 4 539 N 而言,表 7.2 中整体增强型发射器导轨受力 32 108 N 提升了近一个量级;保护板受力 20 249 N,其大小亦不容忽视。根据电磁场理论进行简单分析,

导轨与保护板内电流流向相同,产生相互吸引的电磁力,而其他导轨与保护板对此导轨综合产生一个排斥力,且二力方向相同,故使得导轨所受合力极大增强。因此在整体增强型四轨道电磁发射器中,导轨和保护的强度、刚度及固定方式,都是需要着重考虑的问题。

表 7.2　整体增强型四轨道电磁发射器导轨与保护板受力平均值

单位:N

	F_x	F_y	F_z	F
保护板受力	0.31	20 249	0	20 249
导轨受力	0.43	−32 103	574	32 108

7.2　分散增强型四轨道电磁发射器模型

整体增强型发射器虽能改善导轨内部电流分布,增大发射器的推力,但存在导轨及保护板受力过大以至于很难保证发射结构稳定性的问题。对于常规导体而言,整体式保护板也加大了发射过程中的焦耳热损耗和发射器内电感磁能的残留,这对于长发射轨道将更为突出。

为解决这个难题,提高发射系统能量利用率,本节提出分散增强型四轨道电磁发射器模型,并对其发射性能进行研究。

7.2.1　物理建模

分散增强型四轨道电磁发射器轨道简易模型如图 7.5 所示,其特点是在原有的四轨道的基础上,保护板呈分段式沿导轨分布,每段保护板采用独立电源,电路的通断由电枢的运动位置决定。当电枢运动到某一段保护板对应的导轨位置时,该段保护板电路接通,进而在发射区域产生增强磁场,其余段保护电路则处于关闭状态;当电枢离开该区域时,则该段保护板自动断电,以减小能量损耗。保护板内电流流向与相邻导轨内电流流向始终保持一致,各导轨上保护板的装配位置保持平齐。

在分散增强型四轨道电磁发射器中,保护板产生一个个独立的外加磁场,从而加强对应发射区域的磁场强度。在发射过程中,电枢依次经过这些区域时,电枢所受的电磁推进力也会因此加强。

　　从进入保护板区域、滑过保护板区域,直至离开保护板区域的过程中,电枢相对于外加磁场的位置是变化的,因此电枢所受的电磁推力、导轨及保护板受力、导轨内电流分布均可能因此受到影响。以电枢滑经某一段保护板区域为例,将此过程简化为电枢刚进入外加磁场区域(电枢处于通电保护板后端)、在外加磁场中滑动(电枢处于通电保护板中部)、滑至外加磁场末端(电枢处于通电保护板前端)三个位置状态对发射性能进行研究,则可由此得出整个发射过程中发射器的发射性能。三种位置状态示意图如图 7.6~图 7.8 所示。

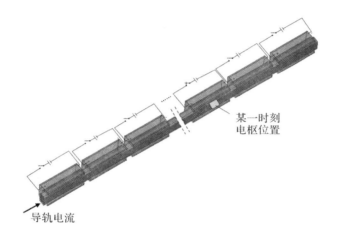

图 7.5　分散增强型四轨道电磁发射器轨道简易模型

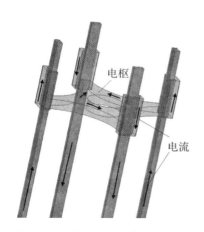

图 7.6　电枢处于通电保护板后端

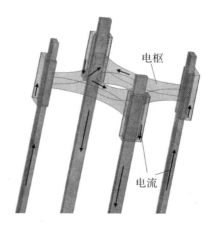

图 7.7　电枢处于通电保护板中部

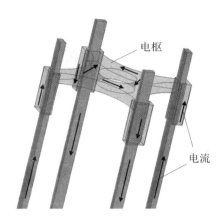

图 7.8　电枢处于通电保护板前端

7.2.2　导轨内电流分布的优化效果

当采用分段式保护板来加强发射区域磁场时,由于只有电枢位置附近的保护板通电,因此保护板也只对与电枢接触部分的导轨段电流分布有较大影响,而对远离通电保护板段的导轨电流则无明显影响。因此,本节以电枢接触处导轨横截面电流为研究对象,选取每段保护板的长度为电枢厚度的三倍,分析保护板对该段导轨内电流分布的影响。为清晰地展现保护板对导轨与电枢接触处电流分布的影响,首先对未加保护板时四轨道电磁发射器导轨与电流接触处电流分布进行研究,其结果如图 7.9 所示。

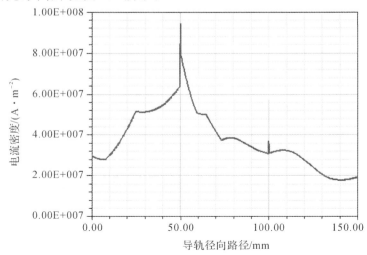

图 7.9　未加保护板时导轨与电枢接触处电流分布

　　由图 7.9 可以看出,当未添加保护板时,导轨内表面及两导轨相邻面的电流密度均比较大,导轨内拐角处存在较大的电流密度峰值。

　　下面分别对电枢处于保护板后端、保护板中部、保护板前端时与电枢接触处导轨内电流分布情况进行研究,其结果如图 7.10～图 7.12 所示。由图 7.10～图 7.12 可以看出,当电枢位于保护板前、后两端时,即电枢进入和离开增强磁场区域时,保护板对枢轨接触处导轨内电流分布有一定的改善作用,导轨内表面的电流密度有较为明显的下降。当电枢在保护板中部时,除导轨内拐角处电流略高以外,导轨内表面电流分布基本处于比较均匀的状态,导轨内表面电流略高于导轨外表面电流。

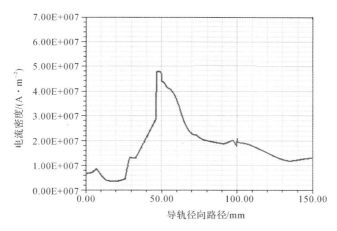

图 7.10　电枢位于保护板后端时导轨与电枢接触处导轨电流分布

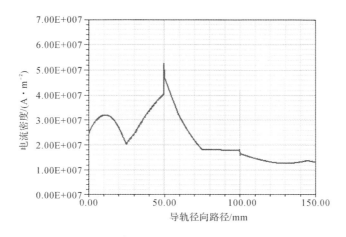

图 7.11　电枢位于保护板中部时导轨与电枢接触面处导轨电流分布

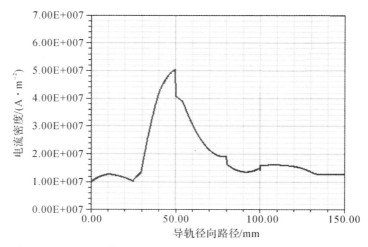

图 7.12　电枢位于保护板前端时导轨与电枢接触面处导轨电流分布

电枢与保护板相对位置的不同引起保护板对导轨内电流分布的改善作用亦不同,这表明,电枢滑经每一段外加磁场区域时,相应导轨段的电流分布都会经历一个不均匀—较均匀—不均匀的反复变化,这可能会对导轨表面的热腐蚀造成一定影响,因此在设计发射器结构时需考虑此因素。

7.2.3　发射器推力的优化效果

电枢在滑动过程中,电枢与导轨的相对位置发生变化引起了导轨与电枢接触处电磁特性的改变,进而会影响发射器对电枢的电磁推力。现仍以 100 kA 输入电流为例,对电枢滑经某一段保护板时电枢所受电磁力的变化情况进行研究,其结果如表 7.3 所示。

表 7.3　电枢处于保护板不同位置时电枢所受电磁力　　　　单位:N

	F_x	F_y	F_z	F
处于保护板后端	−7.8	−15	24 563	24 563
处于保护板中部	18	−12	24 957	24 957
处于保护板末端	−7.8	−3.1	24 761	24 761

由表 7.3 可以得出,无论电枢与保护板相对位置如何,分散增强型四轨道电磁发射器均能提供很大的电磁推力,其数值与整体增强型发射器十分接近。电枢刚进入增强磁场区域便能受到较大的电磁推力,在增强磁场中间位置时所受

推力略大于两端,处于增强磁场末端时所受推力略有减小。但整体来讲,电枢滑经整个增强磁场区域时所受推力较为平稳。

7.2.4　导轨及保护板受力分析

电枢与保护板的相对位置不同时,增强磁场对导轨与保护板的电磁作用力均会产生相应变化,这主要是因为通电导轨与增强磁场间相互作用的范围不同。在保持导轨通电长度一致的情况下,电枢处于保护板不同区域时导轨及通电保护板所受电磁力如表 7.4 和表 7.5 所示。

从表 7.4 中可以看出,电枢刚进入增强磁场区域时,导轨所受电磁力比较小,随着电枢的向前运动,导轨所受电磁力快速增大;当电枢运动到该增强磁场区域的末端时,导轨所受电磁力是电枢刚进入该区域时的 4～5 倍。在此过程中,虽然导轨受力变化较大,但其大小相对于整体式外场增强发射器而言仍旧很小,可控制在轨道的承受范围之内。

表 7.4　电枢处于保护板不同位置时导轨所受电磁力　　　　单位:N

	F_x	F_y	F_z	F
电枢处于保护板后端时导轨受力	$-1\,539$	16	501	1 619
电枢处于保护板中段时导轨受力	$-4\,388$	17.8	558	4 423
电枢处于保护板前端时导轨受力	$-7\,248$	16	537	7 268

表 7.5　电枢处于保护板不同位置时保护板所受电磁力　　　　单位:N

	F_x	F_y	F_z	F
电枢处于保护板后端时保护板受力	1 686	28	0	1 687
电枢处于保护板中段时保护板受力	2 578	28	0	2 578
电枢处于保护板前端时保护板受力	3 585	26	0	3 585

从表 7.5 可以看出,随着电枢在增强磁场区域的向前运动,保护板受力也逐渐增大,但其变化幅度较小,且其量级也较小,相对易于结构稳固。

值得注意的是,电枢每经过一段增强磁场区域,导轨及保护板受力就会发生上述的周期性变化,这可能会使发射结构产生振动,也容易使发射结构内部出现疲劳损伤,因此在发射器结构设计时应注意防范。

7.3　能量转换效率分析

在轨道式电磁发射过程中,电源储存的能量不可能完全转化成抛体的动能,其能量损失主要体现在以下几方面:电源内部电阻的能耗、导轨电阻能量损失、电枢电阻能量损失、抛体发射时储存在回路中的残留磁能、固体电枢与导轨之间的摩擦损失以及抛体运动的空气阻力损失等[96]。如果能减少上述能量损失,提高系统的能量转换效率,则可降低发射系统的体积和质量,实现机动作战。

在整体增强型和分散增强型四轨道电磁发射器中,二者结构尺寸相同的前提下,导轨与电枢接触面数目相同,电枢电阻能量损失与枢轨之间的摩擦损失可视为相同,电枢与导弹的空气阻力损失及电源内部能耗也可视为大体相同,且这三方面的能量损耗相对较小,因此二者系统能量转换效率的差异主要体现在导轨与保护板的电阻能耗和发射时回路中残留磁能这两方面。下面仅从这两方面的能量损耗对系统的能量转换效率进行理论分析,此时系统能量转换效率 η 可近似表示成

$$\eta = \frac{W_{\mathrm{k}}}{W_{\mathrm{k}} + W_{\mathrm{R}} + W_{\mathrm{L}}} \tag{7.1}$$

式中: W_{k} 为抛体动能; W_{R} 为导轨与保护板的电阻能量损耗; W_{L} 为发射时电路残留磁能。

7.3.1　整体增强型四轨道电磁发射器转换效率

对于驱动电流为恒流的情形,当不考虑电流趋肤效应时,假设导轨恒定电阻梯度为 R'_{d} ,保护板恒定电阻梯度为 R'_{b} ,且保护板与导轨的电流均为 I ,可知每根导轨的通电长度即为电枢在导轨上的加速距离,由运动学方程

$$l_{\mathrm{t}} = \frac{1}{2}at^2 \tag{7.2}$$

$$a = \frac{F}{m} \tag{7.3}$$

可得 t 时刻导轨的电阻为

$$R_{\mathrm{d}} = \frac{R'_{\mathrm{d}}Ft^2}{2m} \tag{7.4}$$

则在 $\mathrm{d}t$ 时间段内所有导轨的电阻能量损失为

$$\mathrm{d}W_{\mathrm{Rd}} = 4I^2 R_{\mathrm{d}}\,\mathrm{d}t = \frac{2R'_{\mathrm{d}}FI^2 t^2}{m}\,\mathrm{d}t \tag{7.5}$$

积分可得发射周期内导轨的电阻能量损失为

$$W_{Rd} = \int_0^T \frac{2R_d' FI^2 t^2}{m} dt = \frac{2R_d' FI^2 T^3}{3m} \tag{7.6}$$

式中: m 为抛体(发射体和电枢)质量; F 为抛体所受电磁推力; T 为发射周期。

在整体增强型四轨道电磁发射器中,保护板全长通电,其电阻能量损失为

$$W_{Rb} = 4I^2 R_b T = \frac{2R_b' FI^2 T^3}{m} \tag{7.7}$$

抛体动能为

$$W_k = \frac{1}{2} mv^2 = \frac{F^2 T^2}{2m} \tag{7.8}$$

发射时,储存在磁场中的能量包括导轨电路的自感磁能和保护板与导轨间的互感磁能,即

$$W_L = \frac{1}{2} I^2 L_d + I^2 M_{bd} = \frac{I^2 L_d' FT^2}{4m} + \frac{I^2 M_{bd}' FT^2}{2m} \tag{7.9}$$

式中: L_d 为导轨电路的等效自感; L_d' 为导轨电路的等效自感梯度; M_{bd} 为保护板与导轨间的等效互感; M_{bd}' 为保护板与导轨间的等效互感梯度。

因此,整体增强型四轨道电磁发射器的能量转换效率为

$$\eta_1 = \frac{W_k}{W_k + W_{Rd} + W_{Rb} + W_L} = \frac{6F}{6F + 3I^2(L_d' + 2M_{bd}') + 8(3R_b' + R_d')I^2 T} \tag{7.10}$$

7.3.2　分散增强型四轨道电磁发射器转换效率

在分散增强型导弹四轨道电磁发射器中,电枢每滑经一段通电保护板时,电枢所受的推力略有波动,此处选取电枢所受推力的平均值作为抛体的推力。根据第 7.3.1 节分析结果,同样可得分散增强型发射器导轨的电阻能量损失为

$$\overline{W}_{Rd} = \int_0^{T'} \frac{2R_d' \overline{F} I^2 t^2}{m} dt = \frac{2R_d' \overline{F} I^2 T'^3}{3m} \tag{7.11}$$

式中: $\overline{F}$ 为电枢所受推力的平均值。

对于等段长的分段保护板,每段保护板的长度为

$$l_i = \frac{l}{N} = \frac{mv^2}{2NF} = \frac{FT'^2}{2Nm} \tag{7.12}$$

电枢滑过第 i 段保护板磁场增强区域所需的时间为

$$t_i = T' \left[\frac{i^{\frac{1}{2}} - (i-1)^{\frac{1}{2}}}{N^{\frac{1}{2}}} \right] \tag{7.13}$$

则此段通电保护板所造成的电阻能量损失为

$$W_{Rb}^i = I^2 R_b' l_i t_i = \frac{I^2 R_b' FT'^3}{2Nm} \left[\frac{i^{\frac{1}{2}} - (i-1)^{\frac{1}{2}}}{N^{\frac{1}{2}}} \right] \tag{7.14}$$

整个发射过程保护板所造成的电阻能量损失为

$$\overline{W}_{\mathrm{Rb}} = \sum_{i=1}^{N} 4W_{\mathrm{Rb}}^{i} = \sum_{i=1}^{N} \frac{2I^2 R_{\mathrm{b}}' F T'^3}{Nm} \left[\frac{i^{\frac{1}{2}} - (i-1)^{\frac{1}{2}}}{N^{\frac{1}{2}}} \right] \qquad (7.15)$$

抛体动能为

$$\overline{W}_{\mathrm{k}} = \frac{1}{2} m v^2 = \frac{\overline{F}^2 T'^2}{2m} \qquad (7.16)$$

前 $N-1$ 段保护板断电时会储存自感磁能,在电枢离轨瞬间导轨电路残留自感磁能且与第 N 段保护板之间也存在互感磁能,则

$$\overline{W}_{\mathrm{L}} = \frac{1}{2} I^2 \left(1 - \frac{1}{N} \right) L_{\mathrm{b}} + \frac{1}{2} I^2 L_{\mathrm{d}} + I^2 M_{\mathrm{bd}}^{N} =$$

$$\frac{(N-1) I^2 L_{\mathrm{b}}' F T'^2}{4Nm} + \frac{I^2 L_{\mathrm{d}}' F T'^2}{4m} + \frac{I^2 M_{\mathrm{bd}}' F T'^2}{2Nm} \qquad (7.17)$$

式中:L_{b} 为保护板电路等效自感;L_{b}' 为保护板电路等效自感梯度;M_{bd}^{N} 为第 N 段保护板与导轨的等效互感。

因此,分散增强型四轨道电磁发射器的能量转换效率可表示为

$$\widetilde{\eta}_2 = \frac{\overline{W}_{\mathrm{k}}}{\overline{W}_{\mathrm{k}} + \overline{W}_{\mathrm{Rd}} + \overline{W}_{\mathrm{Rb}} + \overline{W}_{\mathrm{L}}} =$$

$$\frac{6\overline{F}}{6\overline{F} + 8R_{\mathrm{d}}' I^2 T' + \dfrac{3I^2 L_{\mathrm{d}}' + 6I^2 M_{\mathrm{bd}}'}{N} + \dfrac{24I^2 R_{\mathrm{b}}' T'}{N} \sum\limits_{i=1}^{N} \left[\dfrac{i^+ - (i-1)^+}{N^+} \right] + \dfrac{3(N-1) I^2 L_{\mathrm{b}}'}{N}}$$

$$(7.18)$$

在实际应用中,如果合理设计电路参数,可使得通电保护板内电流在电枢离开时恰好谐振至零,从而可以避免通电保护板内储存自感磁能,此时分散增强型四轨道电磁发射器的能量转换效率为

$$\eta_2 = \frac{6\overline{F}}{6\overline{F} + 8R_{\mathrm{d}}' I^2 T' + \dfrac{3I^2 L_{\mathrm{d}}' + 6I^2 M_{\mathrm{bd}}'}{N} + \dfrac{24I^2 R_{\mathrm{b}}' T'}{N} \sum\limits_{i=1}^{N} \left[\dfrac{i^{\frac{1}{2}} - (i-1)^{\frac{1}{2}}}{N^{\frac{1}{2}}} \right]}$$

$$(7.19)$$

7.3.3 算例分析

采用前文给出的四轨道电磁发射器中的参数,对整体增强型和分散增强型四轨道电磁发射器的能量转换效率作简单的计算分析,假设发射轨道长度均为 20 m,电枢与发射体质量为 200 kg。导轨的电阻梯度为 3.56×10^{-6} Ω/m,等效电感梯度为 1.96 μH/m;选用铜质保护板,且其横截面尺寸均保持相同,保护板的电阻梯度为 1.62×10^{-6} Ω/m,导轨与保护板之间的等效互感梯度为 2.272 μH/m。不同增强型四轨道电磁发射器的能量转换效率如表 7.6 所列。

表 7.6 不同增强型四轨道电磁发射器能量转换效率

发射器类型	整体增强型	分散增强型				
		$N=5$	$N=10$	$N=20$	$N=40$	$N=100$
效率/(%)	21.4	37.7	42.2	44.8	46.3	47.2

由表 7.6 可以看出,分散增强型四轨道电磁发射器的能量转换效率明显高于整体增强型,选用分散增强型发射器能提高能量利用率,降低对能源的要求。随着保护板数目的增加,分散增强型发射器的能量转换效率也随之提升,但其提升效果会逐渐减弱。另外,保护板数目越多,每段保护板的长度就越短,保护板电路精准控制的难度及其加工制造难度也就越大,因此在实际应用中须合理选择保护板的长度。此外,随着超导材料的兴起,如果能实现导轨及保护板材料的常温超导化,则由发射回路中电阻引起的能量损失将不再存在,发射系统的能量转换效率能得到很大提升,导轨的热腐蚀也将大为缓解。

7.4 小 结

本章提出了整体增强型四轨道电磁发射器和分散增强型四轨道电磁发射器两种改进型四轨道电磁发射器,以进一步降低驱动电源的量级,提高发射器的推力。对发射过程中导轨内电流分布、发射器的推力、导轨及保护板受力进行了研究,对比分析了其优、缺点,并对两种增强型发射器的能量转换效率进行了简要分析,为四轨道电磁发射器的优化设计提供了参考。

第8章 结 论

电磁发射技术适应了武器系统全面电气化的趋势,能改变现有的作战模式和战斗力生成模式,将在世界军事变革中发挥重大作用。以现有轨道式电磁发射技术为基础,结合轨道式电磁发射技术的优点,本书提出了四轨道式电磁发射器结构,并对其特性进行研究。

本书的主要研究工作及成果包括以下方面:

(1)提出四轨道电磁发射技术,并建立起发射器模型。通过分析发射过程中的具体要求,结合四极磁场的优良磁场性能及轨道式电磁发射技术的优势,提出了四轨道电磁发射技术;构建发射器模型,对发射器的电磁场特性进行了理论推导,通过数值模拟及有限元仿真软件进行验证,证明了所提出模型的科学性及优越性。

(2)对四轨道电磁发射器的静态性能进行了分析。通过对静态四极磁场中导轨内电流和磁场分布特性以及导轨-电磁结构耦合进行分析,研究了导轨的静力学性能,并结合导轨使用寿命对发射器结构性能进行了简要评述;通过对电枢内的电磁分布的定量分析,研究了发射器的推进性能及影响因素,为发射器结构的参数设计提供了参考。

(3)研究了脉冲驱动电源下四极场中导轨的瞬态动力学特性。以目前常用的脉冲驱动电源为输入,对强脉冲四极磁场作用下导轨的受力特点、变形、导轨内部应力变化以及导轨径向加速度进行了较为深入的研究,并据此对发射过程中导轨的结构稳定性进行了简要探讨。研究结果可以为导轨材料的选择、结构设计及其固定方式提供决策依据。

(4)提出了串联增强型四轨道电磁发射器模型,对电枢内电流密度简化的情况下推导出电枢上任意位置的磁场强度表达式和电枢所受电磁推力的表达式。通过数值计算,分析了增强型电磁轨道发射器电磁推力特性以及发射器的结构参数对电磁推力的影响规律。结果表明,在施加相同的脉冲电流时,增强型电磁发射器具有更大的电磁推力和更大的启动电磁推力;增强型电磁发射器的电磁推力随着主副轨道的距离、轨道的高度、轨道的宽度增大而减小。

(5)建立了串联增强型四轨道电磁发射器电磁仿真有限元模型,仿真分析了非增强型和增强型四轨道电磁发射器的电流密度分布、磁场强度分布和轨道电磁力分布特性。结果表明,非增强型和增强型四轨道电磁发射器轨道内电流出现趋肤效应,电流密度分布分别呈 O 形和 C 形;增强型电磁发射器的电磁屏蔽区域比非增强型略小,但是电枢位置磁场强度明显增大;主轨道的电磁力明显大于非增强型,主副轨道可以相互抵消部分电磁力。

(6)对四轨道电磁发射器进行了优化设计。以降低电流量级、提高发射器推力及能量转换效率为出发点,提出了整体增强型四轨道电磁发射器和分散增强型四轨道电磁发射器模型,对其发射组件受力、发射器推力以及能量转换效率进行了分析,结果表明增强型模型的推力均得到了很大提高,分散增强型的综合性能优于整体增强型,为四轨道电磁发射器的优化设计提供了重要借鉴。

尽管本书对四轨道电磁发射器的电磁场特性、发射器推力、导轨的力学特性等方面进行了较为深入的研究与分析,但仍有许多方面有待进一步深入研究与探索,具体如下:

(1)结合发射体内部电子器件对电磁环境中具体要求,有待进一步定量分析发射过程中发射体装载区域的电磁场特性,以及发射过程中动态电磁场对电子元器件及发射体封装可能产生的涡流效应及附加干扰,并研究其相应的解决措施。此外,发射器对战场环境的电磁辐射及其屏蔽措施还须进一步研究。

(2)结合发射器导轨的静力学性能及其在强脉冲四极磁场作用下的动态响应,进一步优化导轨的结构设计及其固定方式。

(3)对四轨道电磁发射器进行电-磁-热-结构耦合分析,采取有效措施对连续发射过程中发射器内热量的产生及释放进行主动管理。

参 考 文 献

[1] 谭大成. 弹射内弹道学[M]. 北京：北京理工大学出版社，2015.

[2] WELDON W F. A taxonomy of electromagnetic launchers[J]. IEEE Transactions on Magnetics，1989，25(1):591-592.

[3] CROWAN M，CNARE E C，DUGGIN B W，et al. The reconnection gun [J]. IEEE Transactions on Magnetics，1986，22(6):1427-1434.

[4] 谭裕，江季鸿，夏雄平. 三级重接炮的设计制作与研究[J]. 电子测试，2019(16):7-8.

[5] 杨紫光，叶芳，郭航，等. 航天电源技术研究进展[J]. 化工进展，2012，31 (6):1231-1237.

[6] 杨鑫，林志凯，龙志强. 电磁轨道炮及其脉冲电源技术的研究进展[J]. 国防科技，2016，37(3):28-32.

[7] 张淼，沈娜，田慧. 电磁轨道炮发射过程中的分布式脉冲电源系统冲击特性研究[J]. 兵工学报，2017，38(5):859-866.

[8] 张亚舟，李贞晓，金涌，等. 电磁发射用 13 MJ 脉冲功率电源系统研究 [J]. 兵工学报，2016，37(5):778-784.

[9] 贾强. 电磁轨道炮技术及应用研究[D]. 太原：中北大学，2012.

[10] 陈彦辉，国伟，苏子舟. 电磁轨道炮身管工程化面临问题分析与探讨 [J]. 兵器材料科学与工程，2018，41(2):109-112.

[11] 杜传通，雷彬，张倩，等. 电磁轨道炮枢轨材料研究进展[J]. 飞航导弹，2017(9):88-93.

[12] ROSENWASSER N S. Recent advances in large railgun structures and materials technology[J]. IEEE Transactions on Magnetics，2002，27 (1):444-451.

[13] 杜传通，雷彬，吕庆敖，等. 石墨烯涂层对电磁轨道炮滑动电接触性能的影响[J]. 火炮发射与控制学报，2018，39(2):1-5.

[14] 王福玲. 纳米碳纤维增强聚合物基复合材料电磁特性研究[D]. 武汉：武汉理工大学，2006.

[15] 李博. 轨道炮不同凹槽面 C 型电枢仿真研究[D]. 东营：中国石油大学 (华东)，2014.

[16] 何威，白象忠. 方口径电磁轨道发射装置导轨及壁板的动力响应[J]. 振动与冲击，2013，32(15)：144 – 148.

[17] 蒋启龙，付磊. 一种改进型轨道电磁发射方式[J]. 西南交通大学学报，2011，46(4)：586 – 590.

[18] 陈晓阳. 增强型电磁轨道炮性能仿真与优化研究[D]. 秦皇岛：燕山大学，2017.

[19] 袁晓明，吴鹏，陈晓阳，等. 增强型电磁轨道炮电磁结构耦合有限元分析及结构优化设计[J]. 机械设计，2016，33(2)：18 – 23.

[20] 任波涛. 四轨电磁轨道炮概要设计与有限元分析[D]. 南京：南京理工大学，2011.

[21] 贾义政. 圆膛四轨电磁轨道炮的动力学建模与仿真[D]. 南京：南京理工大学，2015.

[22] 高硕飞. 圆膛四轨电磁轨道发射装置的多场耦合仿真研究[D]. 南京：南京理工大学，2018.

[23] 杜传通，雷彬，金龙文，等. 电磁轨道炮电枢技术研究进展[J]. 火炮发射与控制学报，2017，38(2)：94 – 100.

[24] MCNAB I R，CRAWFORD M T，SATAPATHY S S，et al. IAT armature development [J]. IEEE Transactions on Plasma Science，2011，39(1)：442 – 451.

[25] SCHNEIDER M，SCHNEIDER R. Advanced rail – sabot configurations for brush armatures[J]. IEEE Transactions on Magnetics，2007，43 (1)：186 – 189.

[26] BATTEH J H，ROLADER G E，POWELL J D. A time – dependent model for railgun plasma armatures[J]. Physics of Fluids，1988，31 (6)：1757 – 1765.

[27] WETZ D A，STEFANI F，PARKER J V，et al. Advancements in the development of a plasma – driven electromagnetic launcher[J]. IEEE Transactions on Magnetics，2009，45(1)：495 – 500.

[28] 党晟罡. 几种典型固体电枢的形状设计与接触特性研究[D]. 秦皇岛：燕山大学，2016.

[29] 王韬，侯健，张绪明. 不同几何结构的 C 型电枢的有限元分析[J]. 四川兵工学报，2014，35(12)：118 – 121.

[30] 曹昭君，肖铮. 电磁发射系统 C 型固体电枢的电流密度分布特性及其机理分析[J]. 电工电能新技术，2012，31(2)：23 – 26.

[31] 赵月红，张丹丹，赵晓玲，等. 铝合金刷电枢的电磁发射特性研究[J]. 高压物理学报，2016，30(3)：184 - 190.

[32] 陈允，徐伟东，袁伟群，等. 电磁发射中铝电枢与不同材料导轨间的滑动电接触特性[J]. 高电压技术，2013，39(4)：937 - 942.

[33] MCNAB I R. Early electric gun research[J]. IEEE Transactions on Magnetics，1999，35(1)：250 - 261.

[34] WANG Y，REN Z. EML technology research in China[J]. IEEE Transactions on Magnetics，1999，35(1)：44 - 46.

[35] WANG Y，MARSHALL R. Physics of electric launch[M]. Beijing：Science Press，2004.

[36] BOSTICK W H. Propulsion of plasma by magnetic means[J]. Journal of Nuclear Energy，1958，7(3)：278 - 279.

[37] BRAST D E，SAULE D R. Feasibility study for development of a hypervelocity gun，MB - R - 65/40 [R]. San Ramon：MB Associates，1965.

[38] RADNIK J L，LATHAN B F. Electromagnetic Projector Study[R]. Chicago：IIT Research Institute Chicago ILL，1961.

[39] 李军，严萍，袁伟群. 电磁轨道炮发射技术的发展与现状[J]. 高电压技术，2014，40(4)：1052 - 1064.

[40] FAIR H D. Progress in electromagnetic launch science and technology [J]. IEEE Transactions on Magnetics，2007，43(1)：93 - 98.

[41] 卫锦萍. 美军电磁炮研究进展与技术重点[J]. 国外坦克，2010(1)：42 -43.

[42] 王德，苏鑫鑫. 电磁轨道炮及其关键技术的现状与发展[J]. 飞航导弹，2010(7)：75 - 80.

[43] 张鸣宇，刘源，周鹏，等. 从专利看美国电磁发射技术发展[J]. 飞航导弹，2017(9)：36 - 40.

[44] 苏子舟，张涛，张博. 欧洲电磁发射技术发展概述[J]. 飞航导弹，2016(9)：80 - 85.

[45] 古刚，向阳，张建革. 国际电磁发射技术研究现状[J]. 舰船科学技术，2007，29(S1)：156 - 157.

[46] 张龙霞，李碧清，霍敏. 国外电磁炮发展概述[J]. 飞航导弹，2011(10)：23 - 27.

[47] 武晓龙，冯寒亮. 美国电磁轨道炮技术探析[J]. 飞航导弹，2019(2)：

10 – 15.

[48] 李勇，李立毅，程树康，等. 电磁弹射技术的原理与现状[J]. 微特电机，2001,29(5):3 – 4.

[49] 高顺受，孙承纬，陈英石，等. 60 mm 口径电磁感应线圈炮的实验研究[J]. 高压物理学报，1996(3):31 – 39.

[50] 董健年，桂应春，李军. 电磁弹射系统的脉冲功率源设计[J]. 高电压技术，2007,32(12):105 – 107.

[51] 李超，鲁军勇，江汉红. 混合储能中电容器电压精确控制策略研究[J]. 高电压技术，2015,41(7):2231 – 2235.

[52] 李超，鲁军勇，江汉红，等. 电磁发射用多级混合储能充电方式对比[J]. 强激光与粒子束，2015,27(7):075005.1 – 075005.6.

[53] PRATAP S B. Advanced compulsator technology [J]. IEEE Transactions on Magnetics, 1993,29(1):1043 – 1047.

[54] ZHANG Q, WU S, YU C, et al. Design of a model – scale air – core compulsator[J]. IEEE Transactions on Plasma Science, 2011, 39(1): 346 – 353.

[55] 高迎慧，付荣耀，刘坤. 基于间歇充电工况的高功率密度电源暂态热设计[J]. 高电压技术，2014,40(4):1141 – 1147.

[56] 刘峰，党晟罡，赵丽曼，等. H 形固体电枢形状设计及接触应力分析[J]. 火炮发射与控制学报，2015,36(1):1 – 4.

[57] 陈允，徐伟东，袁伟群，等. 电磁发射中铝电枢与不同材料导轨间的滑动电接触特性[J]. 高电压技术，2015,39(4):937 – 942.

[58] 冯登，夏胜国，陈立学，等. 轨道电磁发射装置中电枢装配接触压力分布的不均匀特性[J]. 高电压技术，2015,41(6):1873 – 1878.

[59] 冯登，夏胜国，陈立学，等. 基于过盈配合的 C 形电枢轨道初始接触特性分析[J]. 高电压技术，2014,40(4):1077 – 1083.

[60] 王刚华，谢龙，王强. 电磁轨道炮电磁力学分析[J]. 火炮发射与控制学报，2011(1):69 – 71.

[61] LIEBFRIED O, SCHNEIDER M, STANKEVIC T, et al. Velocity – induced current profiles inside the rails of an electric launcher[J]. IEEE Transactions on Plasma Science, 2013, 41(5): 1520 – 1525.

[62] YANG Y. Simulation and analysis of velocity skin effect of railgun[J]. High Power Laser and Particle Beams, 2011, 23(7):1965 – 1968.

[63] COTE P J. On the role of induced fields in railguns[J]. J. Phys. D:

Appl. Phys，2007，40(1)：274 - 283.

[64] 邢彦昌，吕庆敖，李治源，等. 带状金属承载脉冲电流特性分析及优化仿真[J]. 装甲兵工程学院学报，2013，27(6)：41 - 46.

[65] CHEMERYS V. Multilayer structure of electrical conductivity for contact surface of railgun［C］//IEEE Power Modulator and High Voltage Conference. Santa Fe：IEEE Dielectrics and Electrical Insulation Society，2014：316 - 321.

[66] LVU Q，LI Z，LEI B，et al. Primary structural design and optimal armature simulation for a practical electromagnetic launcher[J]. IEEE Transactions on Plasma Science，41(5)：1403 - 1409.

[67] 徐伟东，袁伟群，陈允. 电磁轨道发射器连续发射的滑动电接触[J]. 强激光与粒子束，2014，24(3)：668 - 672.

[68] 刘峰，赵丽曼，张晖辉. 电磁轨道炮刨削的形成机理及仿真分析[J]. 高压物理学报，2015，29(3)：199 - 205.

[69] 杨丹，袁伟群，赵莹. 电磁轨道发射器结构刚度系数与刨削形成[J]. 电工电能新技术，2014，30(3)：48 - 52.

[70] WATTA T J. The effect of surface indentations on gouging in railguns [J]. Wear，2014，310(1/2)：41 - 50.

[71] STANKEVICH S V，SHVERSOV G A. Effect of the shape of metal solids on the rate of their joule heating in electromagnetic rail launchers [J]. Journal of Applied Mechanics and Technical Physics，2009，50(2)：342 - 351.

[72] 关晓存，鲁军勇. 脉冲电流作用下枢轨接触面瞬态磨损量计算[J]. 强激光与粒子束，2014，26(11)：225 - 230.

[73] STANKEVICH S V. Effect of the shape of metal solids on the rate of their joule heating in electromagnetic rail launchers［J］. Journal of Applied Mechanics and Technical Physics，2009，50(2)：342 - 351.

[74] STANKEVICH S V，SHVETSOV G A. Analysis of the ultimate kinematic characteristics of railgun launchers of solids[J]. Journal of Applied Mechanics and Technical Physics，1999，40(2)：325 - 330.

[75] SHVETSOV G A，STANKEVICH S V. Search of new possibilities for attaining high launching velocities ［J］. IEEE Transactions on Magnetics，2001，37(1)：275 - 279.

[76] 李鹤，雷彬，吕庆敖. 电磁轨道炮电枢接触界面温度场仿真研究[J]. 润

滑与密封，2012，37(11):22 – 27.

[77] YOUNGF J，HUDGES W F. Rail and armature current distributions in electromagnetic launchers［J］. IEEE Transactions on Magnetics，1982，18(1):33 – 41.

[78] LONGG C. Railgun current density distributions ［J］. IEEE Transactions on Magnetics，1986，22(6):1597 – 1602.

[79] 朱仁贵，张倩，李治源，等. 高功率脉冲电流作用下滑动界面初始熔蚀的试验研究［J］. 高电压技术，2015，41(6):1879 – 1884.

[80] 杨玉东，薛文. 电磁发射装置电-磁-热场分布的分析与仿真［J］. 火力与指挥控制，2015，40(6):145 – 149.

[81] 邢彦昌，吕庆敖，李治源，等. 电磁轨道炮熔化限制条件下速度极限分析［J］. 火炮发射与控制学报，2014，35(3):11 – 15.

[82] 温银堂，王洪瑞，张玉燕. 电磁轨道炮轨道口变形测量方法研究［J］. 兵工学报，2013，34(10):1227 – 1230.

[83] 白象忠，赵建波，田振国. 电磁轨道发射组件的力学分析［M］. 北京：国防工业出版社，2015.

[84] 张博阳. 不同载荷压力下电磁发射装置的形变计算及瞬态响应分析［D］. 秦皇岛：燕山大学，2013.

[85] VACCARO A. Mechanical analysis of the EC upper launcher with respect to electromagnetic loads［J］. Fusion Engineering and Design，2009，84(7):1896 – 1900.

[86] TZENG J T. Structural mechanics for electromagnetic railguns［J］. IEEE Transactions on Magnetics，2006，41(1):246 – 250.

[87] 张益男，陈铁宁，白春艳，等. 电磁轨道发射状态下轨道的横向变形与内力分析［J］四川兵工学报，2010，31(11):9 – 13.

[88] 何威，白象忠. 方口径电磁轨道发射装置导轨及壁板的动力响应［J］. 振动与冲击，2013，32(15):114 – 148.

[89] 张超，沈培辉，吴群彪，等. 电磁轨道发射过程中导轨的振动特性研究［J］. 计算机仿真，2014，31(10):11 – 17.

[90] TZENG J T. Dynamic response of electromagnetic railgun due to projectile movement［J］IEEE Transactions on Magnetics，2003，39(1):161 – 164.

[91] KAMRAN D. Dynamic response and armature critical velocity studies in an electromagnetic railgun［J］. IEEE Transactions on Magnetics，

2007，43(1):126-131.

[92] GHASSEMIM. Stress analysis of the rails of a new high velocity armature design in an electromagnetic launcher [J]. International Journal of Impact Engineering，2008，35(12):1529-1533.

[93] SU Z, GUO W, ZHANG T，et al. Analysis of the dynamic characters of C-shaped armature in railgun[C]//17th International Symposium on Electromagnetic Launch Technology. California：Institute for Strategic and Innovative Technologies，2014;1-5.

[94] 何勇，程诚，宋盛义，等. 电磁轨道发射中炮口电弧的抑制[J]. 强激光与粒子束，2016，28(2)：025003.1-025003.4.

[95] 石江波，栗保明. 电磁轨道炮后坐过程研究[J]. 兵工学报，2015，36(2):227-233.

[96] 谢克瑜，袁伟群，徐蓉. 电磁轨道发射系统后坐力研究及反后坐装置设计[J]. 弹道学报，2014，26(4):98-101.

[97] 胡玉伟，马萍，杨明，等. 一种电磁轨道炮系统的仿真模型[J]. 兵工自动化，2012，31(9):54-58.

[98] 赵莹，徐蓉，袁伟群，等. 脉冲大电流电磁轨道发射装置特性[J]. 强激光与粒子束，2014，26(9):095004.1-095004.6.

[99] 胡玉伟. 电磁轨道炮仿真及性能优化研究[D]. 哈尔滨：哈尔滨工业大学，2014.

[100] GALLANT J，VANCAEYZEELE T，LAUWENS B，et al. Design considerations for an electromagnetic railgun firing intelligent bursts to be used against antiship missiles[J]. IEEE Transactions on Plasma Ence，2015，43(5):1179-1184.

[101] 赖志鹏. 一种电磁发射装置自动装弹机研究[D]. 南京：南京理工大学，2013.

[102] LEHMANN P，RECK B，VO M，et al. Acceleration of a suborbital payload using an electromagnetic railgun[J]. IEEE Transactions on Magnetics，2006，43(1):480-485.

[103] MCNAB I R，STEFANI F，CRAWFORD M. Development of a naval railgun[J]. IEEE Transactions on Magnetics，2005，41(1):206-210.

[104] 殷强，张合，李豪杰. 静止条件下轨道炮膛内磁场分布特性分析[J]. 强激光与粒子束，2016，28(2):174-179.

[105] 杨玉东，付成芳，薛文，等. 轨道与电枢间运动电磁场分布的数值计算

[J]. 火炮发射与控制学报，2014，35(3)：1 - 4.

[106] 林庆华，栗保明. 电磁轨道炮三维瞬态涡流场的有限元建模与仿真[J]. 兵工学报，2009，30(9)：1159 - 1163.

[107] SASADA I，INOUE I，HARADA K. Multipole shaking field for magnetic shielding[J]. IEEE Transactions on Magnetics，1992，28 (1)：57 - 60.

[108] GALANIN M P. The use of currents induced with a conducting shielding for railgun performance control[J]. IEEE Transactions on Magnetics，1997，33(1)：544 - 548.

[109] BECHERINI G. Shielding of high magnetic fields [J]. IEEE Transactions on Magnetics，2009，45(1)：604 - 609.

[110] TELLINI B，SCHNEIDER M，CIOLINI R. The use of electronic components in railgun projectiles [J]. IEEE Transactions on Magnetics，2009，45(1)：578 - 583.

[111] 廖桥生，张祥金，李豪杰，等. 轨道炮弹丸所处强磁场环境屏蔽设计与仿真[J]. 火炮发射与控制学报，2016，37(2)：67 - 72.

[112] TANG L，YU K. Magnetic and conductive shielding for air - core pulsed alternators in railgun systems[J]. IEEJ Trans. on Electrical and Electronic Engineering，2016，11(5)：665 - 670.

[113] SHOU S，CHUNG M. Parametric Study of possible railgun radiation in rostfire stage[J] IEEE Transactions on Plasma Science，2016，44 (6)：980 - 990.

[114] 陈丽艳，杨帆，王端. 电磁轨道炮内弹道模拟及初速误差分析[J]. 火炮发射与控制学报，2018，39(3)：17 - 21.

[115] 苏子舟，张涛，张博，等. 导弹电磁弹射技术综述[J]. 飞航导弹，2016 (8)：28 - 32.

[116] 卢剑平. 高过载环境下轻质电子设备缓冲保护研究[D]. 太原：中北大学，2016.

[117] 李峰. 电磁轨道炮强磁场环境的屏蔽与利用研究[D]. 南京：南京理工大学，2017.

[118] ZHANG J，JAMES E，LU Z，et al. Analysis of the advantages and disadvantages of multi - turn railgun[C]//Electromagnetic Launch Technology of 16th International Symposium. Beijing：China Electrotechnical Society，2012：1 - 5.

[119] LI D, MEINKE R. Electromagnetic launch by linear quadrupole field [C]//34th Annual Conference on Industrial Electronics. Oriando: IEEE Electronics Society, 2008:1179 – 1184.

[120] GUTIERREZ H. Non – contact DC electromagnetic propulsion by multipole transversal field: numerical and experimental validation [J]. IEEE Transactions on Magnetics, 2016, 52(8):1 – 10.

[121] IGENBERGS E. A symmetrical rail accelerator [J]. IEEE Transactions on magnetics, 1991, 27(1):650 – 653.

[122] 米海耶夫. 传热学基础[M]. 北京:高等教育出版社, 1958.

[123] BENO J H, WELDON W F. An investigation into the potential for multiple rail railguns[J]. IEEE Transactions on Magnetics, 1989, 25 (1):92 – 96.

[124] 王莹, 肖峰. 电炮原理[M]. 北京:国防工业出版社, 1995.

[125] 张华, 代志刚, 于红勇. 基于电磁发射导弹抗超大过载结构设计初探 [C]//中国电工技术学会学术年会. 北京:中国电工技术学会, 2011:1 – 5.

[126] 苗海玉, 刘少伟, 刘明, 等. 串联增强型四极轨道发射器电磁推力仿真 [J]. 空军工程大学学报(自然科学版), 2018, 19(3):71 – 76.

[127] 耿彦波. 电磁轨道发射系统动力学研究[D]. 秦皇岛:燕山大学, 2011.

[128] 陈重, 崔正勤. 电磁场理论[M]. 北京:北京理工大学出版社, 2003.

[129] NOVAC B M, SMITH I R, ENACHE M C, et al. Studies of a very high efficiency electromagnetic launcher[J] Journal of Physics D: Applied Physics, 2002, 35(12):1447 – 1457.

[130] KATSNEL S S, ZAGORSKII A V. Effect of the initial state on the efficiency of acceleration in electromagnetic rail launchers[J]. Journal of Applied Mechanics and Technical Physics, 2001, 42(1):10 – 13.

[131] BENO J H, WELDON W F. Active current management for four rail railguns[J]. IEEE Transactions on magnetics, 1991, 27(1):39 – 44.